BIBLIOTHÈQUE DE LA NATURE
publiée, sous la direction
DE M. GASTON TISSANDIER

LES RÉCRÉATIONS SCIENTIFIQUES

BIBLIOTHÈQUE DE LA NATURE

Les nouvelles routes du globe. Canaux et tunnels, par Maxime HÉLÈNE. — 1 vol. richement illustré, 4 planches hors texte.

Les races de couleurs. Curiosités ethnographiques, par A. BERTILLON. — 1 vol. richement illustré, 8 planches hors texte.

Les Récréations scientifiques ou l'Enseignement par les Jeux, par Gaston TISSANDIER. — 3ᵉ édition entièrement refondue. 220 figures dans le texte.

Les principales applications de l'Électricité, par E. HOSPITALIER, ingénieur des Arts et Manufactures. — 2ᵉ édition entièrement refondue. 133 figures dans le texte et 4 planches hors texte.

Excursions géologiques à travers la France, par Stanislas MEUNIER. — 97 figures dans le texte et 4 planches hors texte.

La mécanique moderne. Les voies ferrées, par L. BACLÉ, ancien élève de l'École polytechnique. 143 figures dans le texte et 4 planches hors texte.

Chaque volume est vendu broché........, ... 10 fr.
—   richement cartonné........................... 13 fr.

5524-82. — CORBEIL. Typ. et stér. CRÉTÉ.

EXPÉRIENCE SUR LE PRINCIPE DE L'INERTIE.

Saltimbanque cassant d'un coup de poing des cailloux de silex.

LES RÉCRÉATIONS SCIENTIFIQUES

OU

L'ENSEIGNEMENT PAR LES JEUX

PAR

GASTON TISSANDIER

RÉDACTEUR EN CHEF DU JOURNAL *LA NATURE*

LA PHYSIQUE SANS APPAREILS, LA CHIMIE SANS LABORATOIRE
LA MAISON D'UN AMATEUR DE SCIENCE
LA SCIENCE APPLIQUÉE A L'ÉCONOMIE DOMESTIQUE, ETC.

TROISIÈME ÉDITION

ENTIÈREMENT REFONDUE

Avec 220 gravures dans le texte

dont 10 nouvelles.

PARIS

G. MASSON, ÉDITEUR

LIBRAIRE DE L'ACADÉMIE DE MÉDECINE

120. Boulevard Saint-Germain, en face de l'École de Médecine

AVERTISSEMENT

DE LA TROISIÈME ÉDITION

———

Il n'y a guère plus de deux ans que nous avons publié dans le journal *la Nature* une première notice sous le titre de Physique sans appareils. Nous étions loin de soupçonner alors le développement que cette idée de faire des expériences de physique, non pas avec des appareils spéciaux. mais bien au moyen d'objets de ménage ou de bureau que tout le monde a sous la main, était susceptible d'acquérir. Le nombre de lettres que nous avons reçues au sujet de la *Physique sans appareils* a certainement dépassé deux cents ; il nous en a été adressé de toutes les parties du monde. Des savants, des ingénieurs, des professeurs et même des membres de l'Institut ont bien voulu devenir nos collaborateurs anonymes : grâce à ce concours précieux et obligeant, il nous a été possible de grouper une si grande quantité d'expériences, que nous avons peu à peu envisagé tous les chapitres de la Physique, depuis la pesanteur jusqu'à l'électricité et l'optique. Les notices publiées dans *la Nature* sont devenues le canevas de l'ouvrage que le lecteur a sous les yeux, et dans lequel nous avons réuni plusieurs autres chapitres rédigés dans le même esprit. *Les Récréations scientifiques* ont été publiées en novembre 1880. La première édition a été préparée comme ouvrage de Jour de l'An : il n'en restait plus un seul exemplaire chez l'éditeur dès le 10 décembre. La deuxième édition a été épuisée dans le cours de l'année suivante. Notre livre a été traduit en anglais, en italien, en espagnol, en suédois, en norwégien, en danois et en russe. Nous manquerions à notre devoir si nous n'adressions nos remercîments les plus sincères à nos lecteurs de tous les pays.

Nous répondons aux marques de sympathie qui nous ont été adressées, en publiant une nouvelle édition entièrement refondue, où nous n'avons rien négligé pour améliorer notre œuvre, pour la compléter, et la rendre plus digne encore de l'accueil qui lui a été fait.

G. TISSANDIER.

Janvier 1883.

INTRODUCTION

Un savant mathématicien du xviie siècle, Ozanam, membre de l'Académie des sciences et auteur de travaux distingués, n'a pas cru déroger en écrivant sous le titre de *Récréations mathématiques et physiques* un livre destiné à l'amusement de la jeunesse, et dans lequel on voit la science se prêter à tous les passe-temps, même aux tours de gobelets et d'escamotage. « Les jeux d'esprit, dit Ozanam, sont de toutes les saisons et de tous les âges ; ils instruisent les jeunes, ils divertissent les vieux, ils conviennent aux riches et ne sont pas au-dessus de la portée des pauvres. »

Le livre que le lecteur a sous les yeux a aussi pour but d'instruire en amusant, mais nous n'avons pas voulu aller aussi loin que l'a fait Ozanam, et nous avons cru devoir passer complètement sous silence les tours de physique dite *amusante*. Ils ne constituent pas des expériences, mais bien des supercheries ingénieuses destinées à déguiser le véritable mode d'opérer ; nous n'avons pas cherché à les connaître pour les vulgariser. Nous avons voulu que tous les jeux que nous indiquons, que tous les passe-temps et les récréations dont nous donnons l'exposé, soient au contraire rigoureusement basés sur la méthode scientifique et puissent être considérés comme de véritables exercices de physique, de chimie, de mécanique ou de sciences naturelles. Il nous a semblé qu'il n'était pas bon d'enseigner à tromper même en jouant.

La science en plein air, en plein champ, en pleine lumière, est ce que nous étudions d'abord ; nous montrons comment on peut, à la campagne, occuper et charmer sans cesse ses loisirs, en observant la nature, en capturant des insectes ou des animaux aquatiques, en observant l'atmosphère et les phénomènes aériens.

Nous enseignons ensuite à faire un cours de physique complet sans aucun appareil, et à étudier les différents phénomènes de la pesanteur, de la chaleur, de l'optique et de l'électricité au moyen de simples verres à boire, de carafes, d'un bâton de cire à cacheter et de menus objets que tout le monde a sous la main. Une série d'expériences de chimie exécutées au moyen de quelques fioles et de produits peu coûteux complètent cette partie du livre relative aux sciences physiques.

Un autre genre de récréations, utile et intelligent, consiste à recueillir les appareils ingénieux que fournissent sans cesse à nos besoins de tous les jours les progrès des sciences appliquées, et à s'exercer à faire fonctionner ces appareils. Dans nos chapitres intitulés *la Maison d'un amateur de science*, et *la Science et l'Économie domestique*, nous avons réuni un certain nombre de mécanismes et d'appareils, dont toutes les personnes ingénieuses et habiles aimeront à se munir, depuis la *plume électrique d'Edison* ou le *chromographe*, qui permettent de reproduire à un grand nombre d'exemplaires une lettre, un dessin, etc., jusqu'à des systèmes plus compliqués mais non moins précieux à avoir chez soi, tels que ceux qui servent à fabriquer la glace, etc.

Après avoir décrit des jouets scientifiques pour la jeunesse, nous avons voulu en indiquer d'autres pour l'âge mûr; nous avons groupé dans un chapitre spécial les curieux systèmes de locomotion si usités aux États-Unis et en Angleterre, et si peu connus chez nous : bateaux à glace, petits navires à vapeur, curieux systèmes de véhicules, appareils de natation, etc.

On voit que le présent ouvrage n'est pas seulement écrit pour les jeunes gens; tout le monde, nous l'espérons, pourra y trouver quelque intérêt, peut-être même quelque profit, si ce n'est pour s'instruire soi-même en s'amusant, tout au moins pour enseigner les autres et leur apprendre que la science, qui est partout, sait aussi, quand elle est bien comprise, présider aux récréations et aux jeux.

LES
RÉCRÉATIONS
SCIENTIFIQUES

CHAPITRE PREMIER

LA SCIENCE EN PLEIN AIR

Bernard Palissy disait jadis qu'il ne voulait point avoir « d'autre livre que le ciel et la terre », et « qu'il est donné à tous de connaître et de lire ce beau livre ». Le grand écrivain exprimait ainsi l'importance de l'observation dans les sciences naturelles.

C'est en effet par l'étude du monde matériel que souvent les découvertes s'accomplissent. Qu'un observateur attentif suive un rayon lumineux quand il pénètre dans l'eau, il le verra se dévier de la ligne droite par la réfraction; qu'il cherche l'origine d'un son, il découvrira qu'il résulte d'un choc ou d'une vibration : voilà la physique à son berceau.

On a dit que Newton fut conduit à trouver les lois de la gravitation universelle en considérant une pomme tombant de sa tige, et que les Montgolfier songèrent aux aérostats en voyant les brouillards s'élever dans l'atmosphère.

L'idée de la chambre noire aurait pu se développer d'une manière analogue dans l'esprit de tout observateur qui, assis à l'ombre d'un arbre, eût considéré avec attention l'image ronde du soleil qui s'y dessine à travers les intervalles des feuilles.

Tout le monde ne peut assurément pas avoir l'ambition de faire de semblables découvertes, mais il n'est personne qui ne puisse s'efforcer de s'instruire et de goûter le charme de l'observation de la nature bien comprise.

Il ne faut pas croire que, pour cultiver la science, il soit absolument nécessaire d'avoir des laboratoires ou des cabinets de physique ; le livre dont parle Palissy est toujours là, ses pages sont constamment ouvertes sous chacun de nos pas, dans toutes nos promenades, partout où se dirigent nos regards.

Il y a quelques années, je me trouvais en Normandie, non loin de la ville de C..., jouissant, au milieu de la plus cordiale hospitalité, du calme que procure la campagne. Mes hôtes et moi nous prenions plaisir à faire ce que nous appelions de la *science en plein air*.

Les souvenirs de cette époque comptent parmi ceux qui se rattachent aux plus charmantes heures de ma vie, parce que tous nos loisirs étaient intelligemment occupés. Chacun s'ingéniait à fournir le sujet de quelque observation curieuse ou de quelque expérience instructive ; l'un de nous faisait une collections d'insectes, l'autre étudiait la botanique. Le jour, on pouvait nous surprendre, une loupe à la main, considérant sous le verre grossissant la branche d'un rosier où des fourmis s'occupaient à traire des pucerons [1] (fig. 1). Le soir, nous admirions avec une lunette astronomique les volcans lunaires et les planètes alors visibles. Si le ciel n'était pas pur, l'œil braqué contre

---

[1] On sait que les fourmis, en chatouillant l'épiderme des pucerons, y déterminent la sécrétion d'une matière visqueuse dont elles se nourrissent. Les fourmis emportent parfois les pucerons dans leurs demeures, les y enferment ; on peut dire qu'elles ont ainsi des *vaches à l'étable*.

l'oculaire du microscope, nous regardions sous un fort grossissement les grains de pollen des fleurs ou les infusoires d'une
goutte d'eau stagnante.

Un objet souvent insignifiant devenait l'occasion de quelque

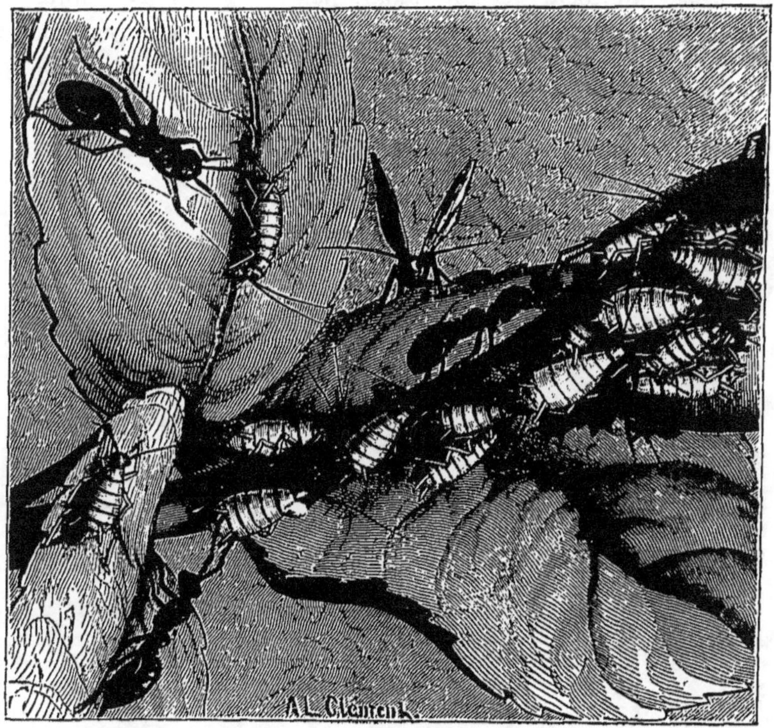

Fig. 1. — Fourmis occupées à traire des pucerons du rosier (très grossies). (Page 2.)

discussion scientifique, qui se terminait par une vérification
expérimentale.

Je me souviens qu'un jour, l'un de nous remarqua qu'après
une semaine de sécheresse, un cours d'eau avait presque tari,
quoiqu'il se trouvât abrité par des arbres touffus qui, assurément, empêchaient l'action calorifique des rayons solaires de

s'exercer. Celui qui avait fait cette observation s'étonnait de cette évaporation rapide. Un agronome de la société attira son attention sur ce fait que les racines des arbres plongeaient dans le cours d'eau et que, bien loin d'empêcher l'évaporation du liquide, les feuilles avaient contribué à l'accélérer. Comme le premier interlocuteur ne voulait pas se laisser convaincre, l'agronome disposa, en rentrant au logis, l'expérience que représente la figure 2. Il plaça une tige d'arbre garnie de feuilles,

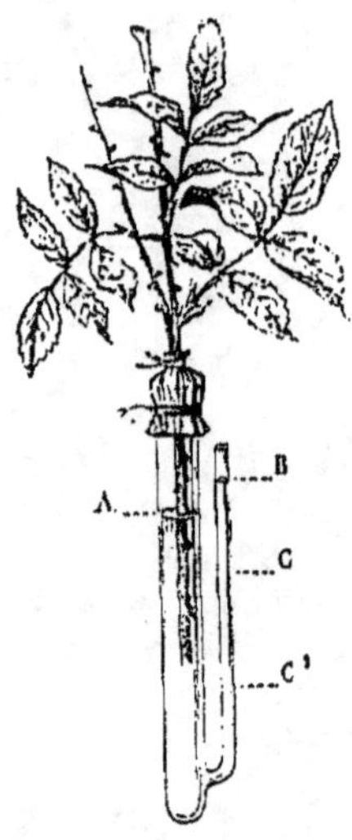

Fig. 2. — Expérience démontrant l'évaporation de l'eau par les feuilles.

dans un tube en U, dont les deux branches d'inégal diamètre contenaient de l'eau. Il fit plonger dans l'eau la tige végétale, qu'il fixa au tube, par l'intermédiaire d'un bouchon entouré d'une feuille de caoutchouc bien ligaturée, de manière à déterminer une fermeture hermétique.

Au commencement de l'expérience, le niveau de l'eau était en A dans la branche à grand diamètre du tube en U, tandis qu'il se trouvait en B dans la petite branche du tube, à un point naturellement un peu plus élevé en raison de la capillarité.

L'évaporation de l'eau déterminée par les feuilles fut si active, qu'en très peu de temps nous vîmes le niveau de l'eau s'abaisser et tendre vers les points C et C'.

C'est ainsi que cette excellente méthode de rechercher la

Fig. 3. — Aquarium confectionné au moyen d'une cloche à melon. (Page 7.)

cause des phénomènes par des expériences nous conduisit souvent à des résultats curieux.

Il y avait parmi nous des enfants, et quelques jeunes gens arrivés à l'âge où s'éveille si ardemment la curiosité; nous pre-

nions plaisir à les initier aux moyens d'étudier les sciences naturelles, et nous ne tardions pas à nous assurer que nos leçons au
milieu des champs avaient beaucoup plus de succès que celles
qui se donnent entre les quatre murs de la classe.

On recueillait les insectes, et, pour les conserver, on avait
soin de les placer dans un petit bocal où l'on faisait tomber une
goutte de sulfure de carbone [1] ; l'animal était immédiatement
asphyxié, et nous évitions ainsi la cruelle torture de l'épingle qui
traverse de part en part le corps d'un être vivant.

Après avoir chassé les papillons et les insectes, on se trouva
conduit à vouloir étudier les bêtes aquatiques qui pullulaient au
sein des mares, fort abondantes dans le pays.

Je construisis à cet effet un filet de pêche, auquel je donnai
pour support un cercle de fer solidement emmanché à un
manche de bois. Cet engin plongé tout au fond des mares,
au-dessous des lentilles d'eau, était retiré rapidement ; il sortait
rempli de vase. Au milieu de cette substance bourbeuse, on
ne manquait généralement pas de trouver des hydrophiles,
des têtards, des tritons, des gyrins, des notonectes, de curieuses
larves de phryganes dans leurs fourreaux, etc., et quelquefois
des grenouilles étourdies par la rapidité de la capture. Tous ces
nimaux étaient transportés dans un bocal jusqu'au logis. Là je
construisis à bien peu de frais un aquarium de verre, au
moyen d'une cloche à melon retournée formant un récipient
transparent de grande capacité.

[1] La conservation des insectes et leur préparation pour les collections nécessitent quelques précautions. Les entomologistes ont l'habitude d'étaler les
individus qu'ils veulent conserver sur une planchette à rainures de façon à
pouvoir bien disposer à l'aide de grandes épingles les antennes et les pattes.
Les ailes doivent être séchées en les plaçant sous des bandes de papiers qui
les préservent.

Ces préparatifs sont indispensables quand on veut que les insectes réunis
en collection conservent bien tous leurs caractères apparents.

On peut élever les larves et les chenilles dans des pots remplis de terre,
que l'on a soin de fermer au moyen d'une mousseline ou d'une toile métallique à très petites mailles. Les sujets d'éclosion peuvent donner lieu à de
très intéressantes observations.

Quatre piquets de bois furent enfoncés dans la terre; on y cloua une planche percée d'un trou circulaire où la cloche à melon trouva à se poser en équilibre. Je disposai quelques gros cailloux et des coquillages au fond du vase, pour y faire un lit rocailleux; j'y versai de l'eau, au milieu de laquelle je fis plonger quelques plantes d'eau et quelques roseaux, puis je jetai une poignée de lentilles d'eau à sa surface; tous les animaux capturés trouvèrent de la sorte un asile confortable [1]. L'aquarium ainsi installé à l'ombre d'un bel arbre dans un endroit un peu sauvage et tout couvert de fleurs champêtres (fig. 3) devint un lieu favori de réunion; souvent on prenait plaisir à considérer les ébats de ses habitants. Quelquefois on assistait à des scènes sanglantes; le vorace hydrophile se saisissait d'un pauvre têtard sans défense, et le déchirait sans pitié pour s'en repaître. Les tritons plus robustes se défendaient mieux, mais quelquefois aussi ils succombaient dans la lutte.

Le succès de l'aquarium fut si complet que l'un d'entre nous résolut de compléter ce muséum en miniature et se présenta un jour avec un *palais des insectes* qui fit presque oublier les têtards et les tritons. C'était une charmante petite cage, ayant la forme d'une maison surmontée d'un toit. Des fils de fer régulièrement espacés en formaient les parois. Un gros grillon s'y trouvait captif à côté d'une feuille de salade qui lui servait d'aliment (fig. 4). La petite bête allait et venait dans sa prison qu'on avait suspendue à une branche d'arbre, et quand on la regardait de près, elle faisait entendre joyeusement le cri-cri de sa scie.

La ménagerie se trouva bientôt augmentée d'un objet négligé jusque-là : l'échelle aux grenouilles. Elle fut confectionnée avec beaucoup d'art. Un grand bocal de verre servit de base à la construction. L'échelle qu'on y établit était faite avec de simples tiges de branches minces récemment coupées d'un arbre et encore pourvues de leur écorce; elles n'en donnaient au monument

---

[1] Dans un petit aquarium construit de cette façon, il arrive fréquemment que les animaux s'échappent; pour éviter l'évasion des captifs, on peut fermer le vase au moyen d'un filet.

qu'un aspect plus pittoresque et plus rustique. Des planchettes de bois habilement ajustées à deux montants conduisaient les grenouilles vertes (rainettes) à une plate-forme, où elles montaient

Fig. 4. — Cage pour conserver les insectes vivants. (Page 7.)

au moyen des marches d'un véritable escalier. De là elles pouvaient prendre leurs ébats et s'élever plus haut encore sur une branche de bouleau, verticalement posée vers le centre du bocal (fig. 5). Un filet à fines mailles empêchait les petits animaux de se sauver. On donnait aux rainettes des mouches pour se nourrir, et parfois elles les attrapaient avec une adresse remarquable. Bien souvent j'avais remarqué que les rainettes en liberté se tiennent à l'affût devant une mouche sur laquelle

Fig. 5. — Petit aquarium avec échelle à grenouilles. (Page 8.)

elles se jettent tout à coup, comme le ferait un chat sur un oiseau (fig. 6).

Les observations que nous fîmes sur les animaux de notre ménagerie nous conduisirent à en entreprendre d'autres de nature très diverse; je me souviens particulièrement de celle de la catalepsie produite sur un coq. Voici en quoi consiste cette remarquable expérience, une des plus curieuses assurément qui aient été exécutées parmi nous.

On prend un coq, que l'on place sur une table de bois de cou-

Fig. 6. — Rainette guettant une mouche. (Page 9.)

leur foncée, on lui applique le bec contre la surface où il est solidement retenu, puis, à l'aide d'un morceau de craie, on trace lentement une ligne blanche sur le prolongement du bec, comme l'indique notre gravure (fig. 7). Si la crête est abondante, il faut prendre soin de la relever, afin que l'animal puisse suivre des yeux le tracé de la ligne. Quand la ligne a atteint une longueur de 40 à 50 centimètres, le coq est devenu cataleptique. Il est absolument immobile, avec les yeux fixes, et il reste pendant trente ou soixante secondes à la même place, où tout à l'heure on ne le retenait que par la force. Sa tête demeure appuyée contre la table, dans la position que figure notre dessin. L'expérience, que nous avons toujours réussie sur des individus différents, a été faite sur une table d'ardoise; la ligne droite a été tracée avec un morceau de craie. M. Azam rapporte que l'on obtient le même résultat, en traçant une ligne noire sur une planche de bois blanc. Suivant M. Balbiani, les étudiants allemands avaient autrefois une véritable prédilection pour cette expérience, qu'ils accomplissaient toujours avec grand succès.

Les poules ne tombent pas en catalepsie dans ces circonstances aussi facilement que les coqs; mais on les rend souvent immobiles en leur tenant la tête fixe et dans la même position, pendant plusieurs minutes.

Les faits que nous venons de citer se rattachent au phénomène si peu étudié, désigné en 1843 sous le nom d'*hypnotisme*, par M. Braid. MM. Littré et Ch. Robin ont donné une description de l'état hypnotique dans leur *Dictionnaire de médecine*.

Si l'on place un objet brillant, tel qu'un porte-lancette, un disque de papier argenté, collé dans une assiette, etc., à 20 ou 30 centimètres des yeux d'une personne, et légèrement au-dessus de la tête, si le patient fixe cet objet pendant vingt ou trente minutes sans aucune interruption, il tendra à garder l'immobilité, si on lui soulève doucement les bras et les jambes; dans un grand nombre de cas, il tombera dans un état de torpeur, de véritable sommeil. Le docteur Braid affirme qu'il a pu pratiquer dans de telles circonstances des opérations chirurgicales sans que le patient eût conscience de la douleur. Plus tard, M. Azam a constaté l'insensibilité complète aux piqûres, de la part des individus qu'il avait rendus cataleptiques par la fixation d'un objet brillant.

L'expérience du coq cataleptique a été signalée pour la première fois, sous le nom de *experimentum mirabile*, par le

P. Kircher dans son *Ars magna*, publié à Rome en 1646. Elle rentre évidemment dans la classe de celles que M. Charcot exécute aujourd'hui à la Salpêtrière, sur des sujets atteints d'affections spéciales.

On voit combien nos occupations scientifiques étaient variées, et combien nous trouvions facilement autour de nous des sujets d'étude. Quand le temps était couvert ou pluvieux, nous aimions à nous livrer, à l'abri, aux observations microscopiques. Tout ce qui nous tombait sous la main, insectes, organes des végétaux, était bon à être examiné.

En exécutant un jour une préparation microscopique, je me servis d'une de ces pointes d'acier généralement employées à cet usage, et comme j'eus l'occasion de la faire passer par hasard sous le microscope, je fus étonné de voir combien son apparence, sous un fort grossissement, était rugueuse et grossière. Cette observation me donna l'idée de recourir à quelque objet plus pointu, et je fus ainsi conduit à faire les comparaisons des différents objets qui sont représentés ci-contre (fig. 8). On voit combien est grossière l'œuvre de notre industrie, si on la considère à côté de celle de la nature. Le n° 1 représente, sous un grossissement de 500 diamètres, la pointe d'une épingle ordinaire ayant déjà été employée. On voit que cette pointe, un peu émoussée, est légèrement aplatie à son extrémité supérieure ; le métal malléable a cédé peu à peu sous le travail de la pression nécessitée pour le faire pénétrer dans des tissus. Le n° 2 est un peu plus pointu, c'est une aiguille d'acier ; on remarque cependant combien son aspect est encore défectueux, quand on la considère avec l'œil du microscope. Quelle finesse, au contraire, présente l'épine de rose (n° 3), et quelle délicatesse inouïe le dard d'une guêpe (n° 4), examinés sous le même grossissement !

La vue du dessin très exact m'a permis de faire un calcul qui conduit à des résultats assez curieux : A 1 demi-millimètre de la pointe, les diamètres des quatre objets représentés sont respectivement, en millièmes de millimètre, 3,4 ; 2,2 ; 1,1 ; 0,38. Les

Fig. 7. — Expérience du coq cataleptique. (Page 10.)

sections correspondantes en millionièmes de millimètre carré

Fig. 8. — 1, épingle ordinaire ; 2, aiguille d'acier 3, épine de rose ; 4, dard d'une guêpe, vus au microscope sous un grossissement de 500 diamètres. (Page 12.)

sont : 907,92 ; 380,13 ; 95,03 ; 11,34, ou en nombres ronds : 908 ; 380 ; 95 ; 11.

Si on suppose, ce qui est bien au-dessous de la vérité, que la pression qu'il faut exercer sur la pointe doive être proportionnelle à la section, en admettant qu'il suffise d'une pression de

Fig. 9. — Cerises cultivées et merises sauvages (grandeur naturelle). (Page 18.)

11 *centigrammes* pour faire enfoncer l'aiguillon d'une guêpe de 1 demi-millimètre, il faudra plus de 9 *grammes* de pression pour enfoncer une épingle de la même quantité. En réalité, ce dernier chiffre est beaucoup trop faible, car nous n'avons pas tenu compte de l'avantage qui résulte pour l'épine de rose, par

exemple, de sa forme en coin allongé, beaucoup plus favorable à la pénétration que celle en *goutte de suif* de l'épingle.

Il serait facile d'étendre considérablement les observations de

Fig. 10. — Disposition d'un aquarium microscopique pour l'étude des infusoires. (Page 21.)

ce genre à un grand nombre d'autres objets, et les remarques que je viens de faire sur des pointes naturelles et artificielles s'appliqueraient incontestablement, par exemple, à des tissus. Nul doute que le fil d'une toile d'araignée laisserait bien loin derrière lui le fil de la plus fine dentelle, et que l'art se trouverait presque toujours distancé de beaucoup par la nature.

Nous devons ajouter cependant que, dans certains cas, l'art humain peut perfectionner un produit de la nature. La gravure ci-jointe (fig. 9) en est un témoignage ; elle donne l'aspect de merises des bois, placées au-dessous de quelques grosses cerises *Belles de Montreuil*, représentées les unes et les autres de grandeur naturelle. Quelle différence de volume et d'aspect, entre le produit de la culture et celui d'où il a tiré son origine première ! Que ne pourrait-on pas dire encore sur la saveur et sur le goût comparatifs des deux types extrêmes !

L'art ne crée pas à proprement parler, et il ne saurait jamais être comparé à la nature ; mais par la continuité du travail il améliore, il perfectionne, il sait même opérer de véritables transformations dans les êtres qui existent à la surface du globe. La cerise en est, comme on le voit, un remarquable exemple.

Nous nous plaisions à examiner surtout les infusoires ou les diatomées que l'on récolte bien facilement, en allant prendre dans une eau stagnante le mucilage qui adhère aux organes végétaux sur les bords, ou qui est attaché à la partie inférieure des lentilles d'eau. Nous capturions facilement ainsi des vorticelles qui, vues au microscope sous un fort grossissement, offrent le plus remarquable spectacle que l'on puisse admirer. Ce sont des animalcules qui ont l'aspect de tulipes transparentes portées à l'extrémité de longues tiges. Elles forment des grappes qui s'allongent en s'épanouissant ; tout à coup, on les voit se contracter avec une rapidité tellement considérable que l'œil peut à peine en suivre le mouvement. Toutes les tiges sont repliées et les clochettes refermées en prenant l'apparence d'une boule ; un moment après, les tiges se rallongent, et les tulipes vivantes s'ouvrent encore une fois.

On peut favoriser très facilement la production des infusoires en construisant un petit aquarium microscopique où l'on dispose un milieu favorable à leur développement. Il suffit de mettre quelques feuilles (une branche de persil convient par-

Fig. 11. — Passage des vanesses du chardon, observé le 15 juin 1879. (Page 22.)

faitement) [1] dans un petit vase contenant de l'eau (fig. 10). On
recouvre le vase d'une cloche de verre et on expose le tout aux
rayons du soleil. Deux ou trois jours après, une goutte de cette
eau vue au microscope laissera découvrir quelque infusoire. On
verra même se succéder les espèces, pendant un temps plus ou
moins long.

Fig. 12. — Les rochers amoncelés au pied des falaises du cap Gris-Nez. (Page 23.)

Les observations microscopiques peuvent se faire sur un nombre
considérable d'objets différents. Exposez à l'air un peu de farine
légèrement humectée d'eau ; il ne tardera pas à s'y former des
moisissures, c'est le *Penicillium glaucum* qui, examiné sous un
grossissement de 200 à 300 diamètres, permettra de distinguer

[1] L'infusion de persil a l'avantage de ne pas sensiblement obscurcir le
liquide.

des cellules ramifiées d'une organisation remarquable par sa simplicité.

Quand le ciel était pur et que le temps semblait favorable aux promenades, nous encouragions notre jeune entourage à courir au milieu des prairies et à faire la chasse aux papillons.

La capture des papillons se fait, comme tout le monde le sait, au moyen d'un filet de gaze que nous mettions entre les mains des enfants, et cette opération ne n'exerçait pas sans nécessiter de leur part une activité fort salutaire. Il arrive quelquefois que l'abondance des papillons est si grande qu'il est facile d'en capturer des quantités considérables.

Dans le courant de juin 1879, une partie importante de l'Europe occidentale a été traversée par des légions de vanesses du chardon tellement nombreuses qu'elles ont vivement attiré l'attention de tous les entomologistes (fig. 11) ; ce passage de vanesses a offert l'occasion d'intéressantes études de la part des naturalistes.

La condition essentielle à celui qui veut se livrer aux sciences naturelles est de posséder le feu sacré, qui lui donne des forces et lui inspire la persévérance nécessaire pour accroître ses collections.

La récolte des individus est une gymnastique salutaire qui ne nécessite qu'un matériel peu coûteux, facile à se procurer, et un petit nombre d'outils indispensables.

Le botaniste, pour recueillir les plantes, devra être armé d'une pioche solidement emmanchée, d'une houlette dont il existe un grand nombre de formes, et d'un couteau à lame bien aiguisée. La boîte d'herborisation servira au transport des plantes.

Le géologue ou le minéralogiste n'auront pas à se pourvoir d'instruments plus compliqués : un marteau, un ciseau et un pic à pointe acérée, pour casser les roches, un sac de grosse toile pour rapporter les échantillons.

Nous nous plaisions à faire fabriquer la plupart de ces objets par le forgeron, quelquefois même à les confectionner nous-mêmes ; ils étaient simples, mais solides, et se prêtaient aux besoins de la récolte.

Souvent nous dirigions nos promenades jusque sur le bord de la mer, et là nous aimions ramasser les coquilles sur les plages de sable, ou les fossiles au milieu des rochers des falaises. Je me souviens, dans une promenade exécutée quelques années auparavant au pied des falaises du cap Blanc-Nez, près de Calais, avoir mis la main sur une empreinte d'ammonite d'une dimension tout à fait remarquable et qui a souvent fait l'admiration des amateurs; cette ammonite ne mesurait pas moins de 30 centimètres de diamètre. Les rochers amoncelés au cap Gris-Nez (fig. 12), non loin de Boulogne, offrent encore au géologue l'occasion d'un grand nombre d'observations curieuses. Dans les Ardennes et dans les Alpes, il m'est souvent arrivé de recueillir sur place de beaux minéraux : des pyrites cristallisées dans la première localité et de beaux fragments de cristal de roche dans la seconde (fig. 13). Je ne manquais pas de rappeler ces hauts faits aux jeunes gens que j'accompagnais et je voyais s'enflammer leur ardeur, dans l'espérance où ils étaient de faire aussi quelque précieuse trouvaille.

Il nous arrivait souvent, quand le soleil était très ardent et que l'air était bien calme, de remarquer sur la plage, nos jeunes compagnons et moi, de très beaux effets de mirage, dus à l'échauffement des couches inférieures de l'atmosphère. Les arbres et les maisons à l'horizon paraissaient surélevés au-dessus d'une nappe argentée au milieu de laquelle on les voyait se réfléchir comme dans une couche d'eau tranquille.

On ne saurait croire comme l'atmosphère offre fréquemment des spectacles intéressants, qui passent inaperçus aux yeux de ceux qui ne savent pas observer. Je me rappelle avoir une fois considéré à l'île de Jersey (24 juin 1877, à huit heures du soir) un magnifique phénomène de cette nature : c'était une colonne de lumière qui s'élevait au-dessus du soleil couchant, en une véritable gerbe de feu. Je me trouvais sur la jetée de Saint-Hélier, où de nombreux promeneurs allaient et venaient. Il n'y en avait pas plus de deux ou trois qui regardaient avec moi ce tableau grandiose.

Les colonnes et les croix de lumière sont beaucoup plus fréquentes qu'on ne le croit communément; mais ils passent bien souvent inaperçus en présence de spectateurs inattentifs.

Nous décrirons un exemple de ce phénomène observé au Havre le 7 mai 1877.

Le soleil formait le centre de la croix, dont la couleur était

Fig. 13. — Groupe de cristal de roche. (Page 23.)

d'un jaune d'or. Cette croix avait quatre branches. La branche supérieure était beaucoup plus brillante que les autres ; sa hauteur était de 15 degrés environ. La branche inférieure était moins grande, comme le montre le dessin ci-joint, exécuté d'après nature par mon frère M. Albert Tissandier (fig. 14). Les deux branches horizontales étaient par moment à peine visibles ; elles se confondaient avec une traînée de cirrus qui occupaient une grande

Fig. 14. — Croix lumineuse observée au Havre, le lundi 7 mai 1877, à 6 h. 45 du soir. (Dessin d'après nature par M. Albert Tissandier, p. 24.)

partie de l'horizon. Une bande de stratus, auxquels le coucher du soleil donnait une couleur d'un violet intense, formait le premier plan de ce tableau. L'atmosphère au-dessus de la mer était très brumeuse. Le phénomène n'a pas duré plus de quinze minutes, mais la fin de son apparition s'est signalée par une circonstance intéressante. Les deux branches horizontales et la branche inférieure de la croix lumineuse ont disparu complètement, tandis que la branche supérieure a subsisté seule, pendant quelques minutes. Elle formait alors au-dessus du soleil une *colonne verticale*, analogue à celle que Cassini a étudiée le 21 mai 1672, et à celle que M. Renou[1] et M. A. Guillemin ont observée le 12 juillet 1876[2]. Les *colonnes verticales*, phénomène qui est, comme on le sait, extrêmement rare, peuvent donc provenir d'une croix lumineuse que des circonstances atmosphériques particulières ont rendue visible incomplètement.

Que de fois ne voit-on pas se former sur les routes poussiéreuses de petits tourbillons soulevés par le vent, et qui se déplacent en accomplissant un mouvement de rotation, reproduisant ainsi la miniature d'une trombe. Que de fois les halos ceignent d'un cercle de feu le soleil ou l'astre des nuits! Que de fois l'arc-en-ciel développe son écharpe irisée au milieu d'une masse d'air que traversent des gouttelettes d'eau! Il n'y a aucune de ces grandes manifestations naturelles qui ne puisse donner lieu à des observations instructives, et devenir l'objet d'études et de recherches.

C'est ainsi que, dans les promenades ou dans les voyages, la pratique de la science peut toujours s'exercer; ce mode d'étude ou d'enseignement en rase campagne et en plein air contribue à l'hygiène du corps et à celle de l'esprit. En nous approchant des spectacles de la nature, depuis l'insecte qui erre sur un brin d'herbe, jusqu'aux corps célestes qui se meuvent dans le dôme

---

[1] *Comptes rendus*, tome LXXXIII, p. 243 et 292.

[2] Voy. *la Nature*, 4e année, 1876, 2e semestre, p. 167. — M. A. Guillemin mentionne, lors du phénomène du 12 juillet 1876, la présence dans l'atmosphère de *stratus légers, d'un gris bleu violacé*, comme cela a été également remarqué lors des phénomènes décrits précédemment.

céleste, nous sentons en nous se développer une influence salutaire et vivifiante.

L'habitude d'observer peut se manifester partout, même au milieu des villes, où la nature reprend souvent ses droits, dans les phénomènes météorologiques par exemple. Nous allons en donner un exemple.

L'extraordinaire abondance de neige qui est tombée à Paris pendant plus de dix heures consécutives à partir de l'après-midi du mercredi 22 janvier 1880 restera comme un fait mémorable dans la météorologie de notre capitale. Au centre de Paris, on pouvait constater que l'épaisseur de la neige tombée à plusieurs reprises dépassait 30 centimètres. La neige a été précédée d'une chute de petits glaçons transparents qui n'avaient guère plus de 1 millimètre de diamètre et dont quelques-uns avaient des facettes cristallines. Ils formaient à la surface du sol un verglas très glissant.

Dans la soirée du 22 janvier, les flocons de neige voltigeaient dans l'atmosphère comme de volumineux amas de laine. La plupart des becs de gaz étaient ornés de stalactites de glace qui attiraient parfois la curiosité des passants. La formation de ces stalactites, dont nous donnons un spécimen (fig. 15), est facile à expliquer. La neige, en tombant sur le verre du réverbère chauffé par la flamme du gaz, fondait, ruisselait en eau, et regelait sous forme de stalactite en retrouvant au-dessous de la lanterne une température inférieure à 0°.

Si la météorologie peut être étudiée dans les villes, il en est encore de même pour certaines branches des sciences naturelles, l'entomologie par exemple.

Voici ce que dit à ce sujet un jeune savant, M. A. Dubois : « Les coléoptères se rencontrent partout, et j'ai pensé qu'il serait peut-être bon de rappeler cette vérité en l'appuyant par des exemples. Je voudrais démontrer que, même au sein de nos grandes villes, il y a des endroits que l'on néglige sans doute d'explorer et où l'on ferait parfois de bonnes captures. Visitons dans certains moments les abords des quais, même en dehors du

temps des inondations, et nous serons tout surpris d'y rencontrer des espèces que nous allons souvent chercher bien loin [1]. »

Cette affirmation est confirmée par une énumération de captures intéressantes. « Un de mes amis, dit l'entomologiste que
nous citons, a trouvé vers le mois de juin, sur les boulevards ex-

Fig. 15. — Formation des stalactites de glace sous la lanterne des réverbères de Paris,
pendant la chute de neige du 22 janvier 1880. (Page 28.)

térieurs, l'*Obrium cantharinum*, et sur le boulevard Mazas, un
grand nombre de *Simplocaria semistriata*. » C'est ainsi que l'é-
tude des insectes peut être faite dans les vieilles maisons, dans
les écuries, dans les caves, presque partout en un mot.

Le grand Bacon n'a-t-il pas eu raison de dire : « Rien pour
l'observateur n'est muet sur la terre. »

[1] *Feuille des jeunes naturalistes.*

CHAPITRE II

LA PHYSIQUE SANS APPAREILS

Tous ceux qui cultivent les sciences expérimentales savent combien il est utile de joindre aux notions théoriques l'habileté manuelle que donne la pratique des manipulations. On ne saurait trop encourager les chimistes et les physiciens à s'exercer à construire eux-mêmes les appareils dont ils ont besoin, et à modifier la disposition de ceux que l'on rencontre dans le commerce. Dans un grand nombre de cas, il est possible de confectionner à peu de frais des instruments délicats, susceptibles de rendre les mêmes services que les appareils les plus coûteux. De remarquables travaux ont souvent été exécutés par des hommes dont les laboratoires étaient simples, et qui, par leur adresse et leur persévérance, savaient faire de grandes choses avec de petites ressources.

La balance de précision, par exemple, cet indispensable outil du chimiste et du physicien, peut se fabriquer à peu de frais par des procédés différents. Il suffit d'un mince fil de platine et d'une planche de bois pour confectionner une balance de torsion capable de peser le milligramme. Il ne faut guère qu'un ballon de verre pour façonner une balance hydrostatique très sensible.

La figure 16 représente une petite balance de torsion d'une

extrême simplicité. Un mince fil de platine est tendu horizontalement à l'aide de deux pitons, au-dessus des deux supports A, B,
en bois, découpés dans une planche de sapin. Un levier CD,
très léger et très mince, taillé dans du bois, ou fabriqué avec
un fétu de paille, est fixé au milieu du fil de platine à l'aide d'une
petite pince H, qui l'y maintient solidement. Ce levier est placé
de telle façon qu'il s'élève sensiblement au-dessus de l'horizontale.
On y a collé, en D, un petit plateau en papier, où l'on place un
poids de 1 centigramme. Le levier s'abaisse d'une certaine quan-

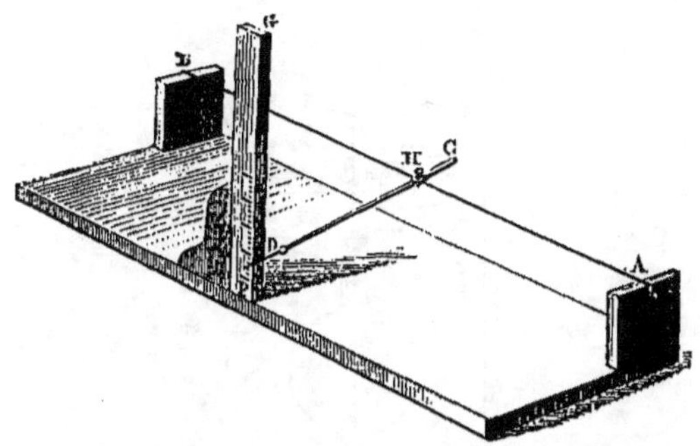

Fig. 16. — Balance de torsion que l'on peut confectionner soi-même et qui est susceptible
de peser le milligramme (1/10 de grandeur d'exécution).

tité en imprimant un mouvement de torsion au fil de platine.
On a fixé près du bout de ce levier une tige de bois GF, sur
laquelle on marque les deux points extrêmes de sa course. On
trace entre ces deux points dix divisions équidistantes. Chacune
d'elles représentera le chemin parcouru par la pointe du levier,
sous l'action d'un poids de 1 milligramme. Une substance d'un
faible poids, inférieur à un centigramme, étant donnée, il suffit
de la placer sur le petit plateau de papier ; le levier s'abaissera et
restera en équilibre après quelques oscillations. S'il est abaissé
de quatre divisions, on saura que la substance pèse 4 milli-
grammes.

En prenant un fil de platine un peu plus gros, auquel on

adaptera un levier un peu moins long, on pourra peser le déci-
gramme et ainsi de suite. Il serait même facile de confectionner
sur le même modèle des balances de torsion destinées à peser des
poids considérables. Le fil de platine serait remplacé par des fils
de fer de grand diamètre, solidement tendus, et le levier serait
fabriqué à l'aide d'une barre de bois très résistante. Dans la
limite opposée, on arriverait à apprécier la valeur de poids très

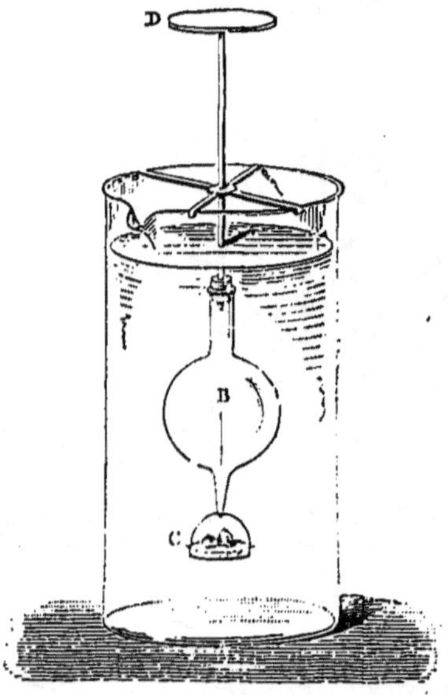

Fig. 17. — Aréomètre de Nicholson, construit pour servir de balance.

minimes. En donnant une longueur de plusieurs mètres au fil
de platine, très mince, en y adaptant un levier très léger et très
long, il ne serait pas impossible d'apprécier le 1/10ᵐᵉ de milligramme. Dans ce dernier cas, la balance pourrait être montée au
moment même où l'on voudrait l'employer.

La figure 17 représente un aréomètre de Nicholson que tout
le monde peut fabriquer, et qui, tel qu'il est représenté, constitue
un autre mode de balance. Un ballon de verre B, rempli d'air,

est fermé hermétiquement par un bouchon dans l'axe duquel on
a fixé une tige de bois bien cylindrique surmontée d'un disque
de bois **D**. Ce système est terminé, à sa partie inférieure, par un
petit plateau **C**, sur lequel on peut placer des morceaux de plomb
en quantité variable. On le plonge dans un vase de verre profond

Fig. 18. — Ascension de l'eau déterminée dans un verre sous la pression atmosphérique. (Page 35.

et rempli d'eau. Les morceaux de plomb du plateau **C** y sont
posés par voie de tâtonnements successifs en quantité telle que la
tige de l'aréomètre dépasse presque tout entière le niveau du
liquide ; on la fait passer à travers un anneau qui lui sert de guide
et que l'on a fixé, à la partie supérieure du verre, au moyen de
quatre tringles de fer en croix. Cette tige a été divisée de telle
façon que l'espace compris entre chaque division représente le

volume de 1 centimètre cube. Le système ainsi disposé constitue une balance. En effet, l'objet à peser est placé sur le disque **D**, l'aréomètre s'abaisse dans l'eau, oscille, puis reste en équilibre. Si la tige s'est enfoncée de cinq divisions, on saura que le poids de l'objet correspond à celui des 5 centimètres cubes d'eau déplacés, ou à 5 grammes.

On voit, par les exemples des balances précédentes, qu'il n'est pas impossible de confectionner des appareils de précision avec de menus objets très peu coûteux. Nous allons essayer de démontrer qu'on peut de même *faire des expériences instructives avec rien*, ou du moins avec les choses usuelles que tout le monde a sous la main.

Le regretté Balard, que la science a perdu dans ces dernières années, excellait à faire de la chimie sans laboratoire; des tessons de bouteilles, des débris de vaisselle, tout lui était bon pour improviser des cornues, des matras ou des vases à précipiter et pour exécuter ainsi des travaux importants.

Scheele, autrefois, opérait de même; il savait faire de grandes découvertes avec d'humbles outils, et à l'aide de bien faibles ressources. On ne saurait trop s'exercer à imiter de tels maîtres, aussi bien pour enseigner les autres que pour s'instruire soi-même.

Il ne s'agira pas ici de faire des recherches, mais bien d'esquisser un programme d'enseignement, basé sur des expériences de *physique amusante*, exécutées sans appareils. La plupart de ces expériences sont assurément connues; hâtons-nous de dire que nous n'avons d'autre prétention que de les avoir recueillies et groupées pour les décrire. Nous devons ajouter que nous les avons exécutées et vérifiées; le lecteur pourra les essayer avec toute certitude de succès.

LA PRESSION DE L'AIR. — LA CHUTE DES CORPS. — LES FORCES. —
L'INERTIE.

Supposons que nous nous adressions à un jeune auditoire et que nous commencions notre cours de physique par des notions relatives à la pression de l'air. Un verre à pied, une assiette et de l'eau, serviront immédiatement à nos premières expérimentations.

Voici une assiette, où je verse de l'eau, j'y enflamme du papier posé sur un petit flotteur de liège, et je coiffe la flamme au moyen d'un verre, que je retourne (fig. 18). Qu'arrive-t-il? L'eau monte dans le verre. Pourquoi ? Parce que le papier, en brûlant, ayant absorbé une partie de l'air, et le volume du gaz confiné ayant diminué, la pression atmosphérique extérieure a refoulé le liquide. (Page 33.)

Je remplis d'eau un verre à pied, de telle façon qu'il soit plein au ras du bord, je le couvre d'une feuille de papier qui adhère bien avec le bord du verre et avec la surface du liquide. Je retourne le verre ainsi rempli d'eau (fig. 19), la feuille de papier l'empêche de s'écouler, parce qu'elle est maintenue par la pression atmosphérique. Il arrive quelquefois que cette expérience ne réussit qu'après des tâtonnements de la part de l'opérateur, aussi est-il prudent de retourner le verre au-dessus d'une cuvette, afin que l'eau puisse tomber sans inconvénient, dans le cas d'insuccès.

Étant donnés un vase rempli d'eau et une petite bouteille complètement pleine d'eau, prenons, avec la main, la bouteille par le goulot, de telle façon que notre pouce fasse office de bouchon. Renversons la bouteille et faisons pénétrer son goulot dans l'eau du vase. Otons le pouce, c'est-à-dire le bouchon, maintenons la bouteille dans une position verticale: nous remarquons que l'eau qu'elle contient ne s'échappe pas et reste en suspension.

C'est la pression atmosphérique qui produit ce phénomène.

Si dans la bouteille nous remplaçons l'eau par du lait (ou par tout autre liquide plus dense que l'eau), nous voyons que le lait reste également suspendu dans la bouteille; seulement un mouvement se produit dans le goulot, et en fixant notre attention sur ce point, nous constatons que le lait descend dans le fond du vase et que l'eau remonte dans la bouteille.

Ici encore c'est la pression atmosphérique qui maintient les

liquides dans la bouteille ; en outre, le lait descend parce que
deux ou plusieurs liquides se superposent par ordre de densités
décroissantes de bas en haut, c'est-à-dire que le liquide le plus
dense occupe le fond du vase, et ainsi de suite. C'est ce que l'on
peut vérifier encore au moyen de la *fiole des quatre éléments*.

Fig. 19. — Verre plein d'eau, retourné et fermé par une feuille de papier que maintient
la pression de l'air. (Page 35.)

C'est une simple bouteille mince et allongée, contenant en volumes égaux du mercure métallique, de l'eau salée, de l'alcool et
de l'huile. Ces quatre liquides se superposent sans jamais se
mélanger, même par l'agitation.

Prenez un sou, posez-le à plat contre une planche de bois
verticale, telle que le montant extérieur d'une bibliothèque
de chêne par exemple, frottez-le fortement de haut en bas

en appuyant avec énergie contre le bois. Retirez la main ;
la pièce de monnaie reste adhérente à la boiserie (fig. 20) :
voici pourquoi. Par le frottement et la pression exercée,
vous avez chassé la mince couche d'air comprise entre le sou
et la paroi plane du bois ; dans ces conditions la pression de

Fig. 20. — Pièce de cinq centimes maintenue adhérente à une paroi de bois verticale,
sous l'influence de la pression de l'air. (Page 37.)

l'air atmosphérique extérieur suffit pour maintenir l'adhérence.

Ajoutons une carafe et un œuf dur à notre matériel, nous
allons remplacer la machine pneumatique et faire bien facilement l'expérience du crève-vessie.

J'enflamme du papier et je le fais brûler en le plongeant dans
la carafe pleine d'air. Dès que le papier a brûlé quelques instants,
je ferme l'ouverture de la carafe, à l'aide d'un œuf dur que j'ai

préalablement dépouillé de sa coquille, et de telle façon qu'il
forme un bouchon hermétique. La combustion du papier a dilaté
l'air de la carafe. L'œuf dur va être poussé par la pression
atmosphérique extérieure parce que l'air chaud confiné se con-
tractera par le refroidissement ; voilà l'œuf qui s'allonge (fig. 21),

Fig. 21. — OEuf dur dépouillé de sa coquille entrant dans une carafe sous l'action
de la pression atmosphérique. (Page 38.)

qui se moule dans le goulot de la carafe ; il est étiré et descend peu
à peu... Tout à coup il entre tout entier dans la bouteille, brusquement, en faisant entendre une petite détonation, semblable
à celle que l'on obtient en donnant un coup de poing dans un sac
de papier gonflé d'air. Voilà la pression atmosphérique démontrée d'une façon manifeste et à bien peu de frais.

La figure 22 représente l'expérience de la cloche à plongeur ;

elle est tellement simple qu'il n'est pas nécessaire de la décrire.
Elle se rattache à celles qui sont relatives à la pression de l'air et
à la compression des gaz. Deux ou trois mouches ont été intro-
duites dans le verre : en y voltigeant, elles prouvent qu'elles se
trouvent fort à l'aise dans cet espace légèrement comprimé.

Fig. 22. — Expérience de la cloche à plongeur exécutée avec un verre à pied et un bassin
de verre rempli d'eau. (Page 39.)

Si l'on voulait pousser un peu plus loin la leçon relative à la
pression atmosphérique, il serait facile de compléter les objets
précédents par un tube de verre bouché et un certain volume de
mercure ; on aurait ainsi les éléments nécessaires pour faire les
expériences de Torricelli et de Pascal, et pour expliquer facilement le baromètre.

Un jouet bien connu des écoliers, le *tire-pavé*, peut encore être l'occasion de nombreuses dissertations sur le vide et la pression de l'air. On sait que cet objet est formé d'une rondelle de cuir mouillé, au milieu de laquelle est attachée une cordelette. Cette rondelle, appliquée sur un pavé, est pressée sous le pied. Quand on tire la cordelette, la rondelle de cuir forme ventouse, et on a

Fig. 23. — Expérience sur l'attraction moléculaire. (Page 45.

beaucoup de peine à la séparer du pavé, qu'elle peut soulever. Ce petit appareil remplace, comme on le voit, les hémisphères de Magdebourg [1].

[1] M. Gobin, ingénieur des Ponts et Chaussées, nous a communiqué l'intéressante expérience suivante qui remplace encore les hémisphères de Magdebourg :

Prenez un ballon de verre dans lequel vous ferez bouillir de l'eau ; quand

Fig. 21. — Expérience d'un bâton cassé au-dessus de deux verres. Principe de l'inertie. (Page 45.)

Les idées que nous possédons sur la gravitation, sur la pesanteur, sont, comme on vient de le voir, faciles à faire comprendre ; les expériences relatives à la chute des corps, à l'attraction, aux lois de l'inertie peuvent encore être démontrées à bien peu de frais. Voilà un sou et un morceau de papier que je découpe de manière à lui donner la forme de la pièce de monnaie ; je laisse tomber les deux objets, en les plaçant l'un à côté de l'autre : le sou arrive à terre bien avant le papier ; le résultat n'est pas contraire aux lois de la gravitation, parce qu'il faut tenir compte de la présence de l'air et de la résistance différente qu'il oppose aux deux corps à cause de leur différence de densité. Je pose le disque de papier sur la face supérieure de la pièce, que je laisse tomber dans sa position horizontale : les deux objets arrivent alors en même temps à la surface du sol. Le papier, en contact avec le sou, s'est trouvé préservé de l'action de l'air.

Cette expérience est trop connue pour que nous croyions devoir nous y arrêter ; mais on voit qu'elle peut donner lieu à des développements sur les phénomènes relatifs à la chute des corps [1].

l'eau est en ébullition, fermez le col du ballon à l'aide d'un tampon plat de papier mouillé. Retournez ce ballon sens dessus dessous, dans une casserole contenant de l'eau, de telle sorte que le tampon de papier détermine une fermeture hermétique. Le vide se fait dans le ballon, et la pression de l'air maintient la casserole si solidement adhérente, que l'on peut facilement la soulever avec le ballon.

[1] M. A. Guébhard nous a écrit une intéressante lettre au sujet d'expériences analogues, nous la transcrivons ici :

« Quand il y a quelque temps que l'on vient de dégorger un siphon d'eau de seltz, et que l'équilibre de tension est près de s'établir entre le gaz dégagé et le gaz dissous, l'on voit s'élever du fond de l'appareil des traînées verticales de bulles, deux, trois, quelquefois une seule, qui présentent une figuration très nette de la loi d'ascension des bulles, c'est-à-dire (en négligeant l'accroissement de ces mêmes bulles le long de leur trajet) une représentation inverse de la loi des espaces dans la chute des corps. Les bulles, en effet, se détachent de leurs points d'élection avec un véritable isochronisme, et comme les intervalles varient d'une file à l'autre, on a sous les yeux des représentations multiples de cette terrible loi des espaces dont la machine d'Atwood a fait un épouvantail aux commerçants. Je pense qu'on pourrait même, en comptant pour chaque file le nombre des bulles qui se

Parmi les expériences exécutées pour démontrer l'attraction moléculaire, il en est qui se font dans les cabinets de physique au moyen d'appareils d'une construction particulière. Ces appareils plus ou moins compliqués ne sont pas toujours nécessaires.

Fig. 25. — Autre expérience relative à l'inertie. (Page 47.)

Rien n'est plus intéressant que de placer à la surface d'un vase plein d'eau deux petites sphères de liège, découpées dans un bouchon ; si on les rapproche l'une de l'autre de telle façon qu'elles ne soient plus séparées que par un espace très petit, de 1 milli-

détachent en une seconde, et le nombre que contient, à un instant donné, toute la traînée, pousser la vérification plus loin : mais je dois avouer que je ne l'ai pas fait moi-même. »

mètre environ, on les voit se précipiter l'une sur l'autre, comme le ferait une parcelle de fer approchée d'un aimant. On peut encore planter une des balles de liège à l'extrémité d'une pointe de couteau, et s'en servir pour attirer, à très petite distance, l'autre balle de liège flottant sur l'eau. Si les balles de liège sont enduites d'une petite couche de suif, au lieu de s'attirer, elles se repoussent; cela tient à la forme des ménisques qui sont convexes

Fig. 26. — Manière de faire sortir une dame d'une pile, sans renverser celle-ci. (Page 47.)

ou concaves selon que la balle se mouille, ou est préservée de l'eau par l'action de la graisse (fig. 23, page 40).

Quand un corps soumis à l'action d'une force agit sur un autre, ce dernier réagit dans un sens opposé sur le premier et avec la même intensité. Voilà le principe que l'on définit souvent en disant : l'action est égale à la réaction.

Au sujet des forces et de l'inertie, je citerai quelques expériences très simples dans leur exécution.

Je fus conduit, en me promenant, à en apprendre une, qui est tout à fait saisissante.

Je passais un jour dans le quartier de l'Observatoire, et je vis un grand nombre de passants arrêtés autour d'un physicien en plein air qui, après avoir fait quelques tours de gobelets, exécuta la curieuse expérience que je vais décrire. Il saisissait un manche à balai et le posait horizontalement sur deux bandelettes annulaires de papier. Il priait deux enfants de tenir ces bandelettes par l'intermédiaire de deux rasoirs, de manière à ce qu'elles reposassent sur le coupant. Cela fait, l'opérateur prenait un bâton solide et, de toutes ses forces, il frappait le manche à balai vers son milieu ; celui-ci volait en éclats, sans que les deux bandelettes de papier qui lui servaient de support aient été en aucune façon déchirées, sans même que les rasoirs les aient coupées. Un peintre de mes amis, M. M..., m'a enseigné à faire cette expérience comme le représente la figure 24. (Page 41.) On enfonce une aiguille à chaque extrémité du manche à balai, on pose celui-ci sur deux verres ayant chacun une chaise pour support; les aiguilles seules doivent être en contact avec les verres. Si on frappe violemment le manche à balai avec un autre bâton solide, on le brise, et les verres restent intacts. L'expérience réussit d'autant mieux que l'action est plus énergique. Elle s'explique par la résistance de l'inertie du manche à balai. Le choc étant donné brusquement, l'impulsion n'a pas le temps de se communiquer des molécules directement atteintes aux molécules voisines ; les premières se séparent avant que le mouvement ait pu se transmettre jusqu'aux verres servant de support par l'intermédiaire de deux tiges élastiques [1].

[1] L'expérience que nous venons de rapporter est très ancienne. Elle se trouve décrite au long dans les œuvres de Rabelais. Voici ce qui est dit à ce sujet dans *Pantagruel,* liv. II, chap. xvii :

« En ceste même heure Panurge print deux voyres qui la estoyent tous deux d'une grandeur, et les emplit d'eaue tant qu'ilz en purent tenir et en mit l'ung sur une escabelle et l'aultre sur une aultre les esloignant a part par la distance de cinq piedz, puis print le fust d'une javeline de la grandeur de cinq piedz et demy et le meit dessus les deux verres en sorte que les deux bouts du fust touchoyent justement les bords des verres. Cela faict, prist un gros pau (pieu) et dist a Pantagruel et aux aultres : Messieurs, considérez comment nous aurons victoire facilement de nos ennemis. Car ainsi

L'expérience représentée, fig. 25, p. 44, est de même nature. Une boule de bois (la boule d'un bilboquet convient parfaitement) est suspendue au plafond par un fil peu résistant; un fil semblable est fixé à la partie inférieure de la boule. Si l'on tire très fort le fil inférieur, il se cassera comme l'indique la figure; le mouvement qui lui est communiqué n'a pas eu le temps de se propager dans la masse sphérique; si l'on tire au contraire en appuyant peu à peu et sans choc, c'est le fil supérieur qui se rompra, parce que dans ce cas il supporte le poids de la masse sphérique.

On peut multiplier les exemples du même phénomène : une balle de plomb lancée avec un fusil contre un carreau, y fait un trou rond, tandis que si elle était jetée avec la main, c'est-à-dire avec beaucoup moins de force, elle le ferait voler en éclats. Une tige d'une plante flexible peut être coupée à l'aide d'une baguette horizontalement lancée avec une grande vitesse. La vitesse du corps qui agit, est dans ce cas très grande, et les molécules directement attaquées prennent une vitesse telle qu'elles se séparent des molécules voisines, avant que le mouvement ait eu le temps de se communiquer à ces dernières. On peut par la même raison faire sortir d'une pile de pièces de monnaie une de celles qui sont situées vers la partie inférieure de la pile, et cela sans renverser les autres. Il suffit d'agir violemment et très vite avec une règle de bois plate. L'expérience réussit très bien avec des dames empilées sur leur damier. On opère à l'aide de l'un des petits couvercles à coulisse de l'instrument (fig. 26, p. 45).

Voici quelques autres expériences sur le principe de l'inertie.

comme ji romprai ce fust ici dessus les verres, sans que les verres soyent en rien rompuz ni brisez, encores, qui plus est sans qu'une seule goutte d'eau en sorte dehors, tout ainsi nous romprons la teste a nos Dipsodes, sans que nul ne soit blessé et sans perte aucune de nos besoignes. Mais affin que ne pensez qu'il y ait enchantement, tenez, dict il a Eusthenes, frappez de ce pau tant vous pourrez au myllieu. Ce que feit Eusthenes, et le fust rompit en deux pièces tout net, sans qu'une goutte d'eau tombast des voyres. Puist dist : j'en scay bien d'autres, allons seulement en asseurance ! »

Vous prenez une bandelette de papier que vous placez sur le coin d'une cheminée de marbre. Vous y posez en équilibre et debout sur sa tranche une pièce de 5 francs en argent ou une pièce de 10 centimes en cuivre. Si, prenant d'une main l'extrémité libre de la bandelette, vous frappez celle-ci très fortement

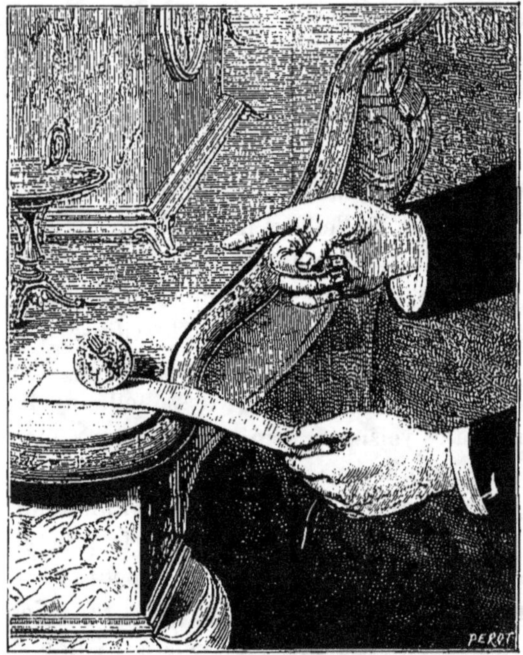

Fig. 27. — Expérience sur le principe de l'inertie. (Page 48.)

et très rapidement (fig. 27), vous pouvez la retirer sans faire tomber la pièce posée sur l'autre extrémité.

Il n'est pas impossible d'enlever d'une table servie pour une personne, une serviette employée en guise de nappe, sans rien déranger des objets posés dessus. Il suffit d'une vive traction horizontale en raidissant bien le bord tenu par les mains.

La figure 28 montre une autre expérience qui se rattache en-

core aux principes de l'inertie. On place une pièce de 50 centimes
sur une table couverte d'une nappe ou d'une serviette. On la coiffe
d'un verre retourné de telle façon que ce verre repose sur deux
pièces de dix centimes. On pose alors le problème suivant aux
assistants : Il s'agit de faire sortir la pièce de 50 centimes de des-

Fig. 28. — Pièce de 50 centimes mise en mouvement. (Page 49.)

sous le verre, sans toucher à celui-ci, et sans rien glisser à sa
partie inférieure. Pour résoudre ce problème, il suffit de gratter
la nappe dans le voisinage du verre avec l'ongle de l'index; l'é-
lasticité du tissu communique le mouvement à la pièce de 50 centimes, et par suite de son inertie, elle progresse peu à peu en se
rapprochant du doigt qui agit, jusqu'à sortir complètement du
verre au-dessous duquel elle était emprisonnée.

Il existe plusieurs jeux basés sur l'inertie ; l'un d'eux consiste à placer au milieu d'une circonférence, un tuyau tronc-conique en feutre à l'extrémité supérieure duquel on place les pièces de monnaie de l'enjeu ; le tuyau visé avec de larges palets ou un petit bâton laisse l'enjeu dans le cercle quand il est frappé ; or la condition étant de sortir les pièces du rond, il faut éviter de frapper le tuyau.

C'est en vertu de l'inertie de la matière, que les poussières de nos vêtements en sont chassées par le battage, chaque particule tendant au repos ; quand le choc met en mouvement brusque l'étoffe qui les contient, elles restent en arrière et la quittent. Quand une corde est vivement lancée, puis retenue au plus fort de sa vitesse, la partie extrême qui a la plus grande vitesse tend à s'échapper des autres, et s'en échappe souvent avec bruit ; c'est là le claquement du fouet. C'est pour la même raison que l'eau quitte les feuilles de salade que l'on secoue avec force dans un panier à claire-voie.

C'est par la force vive acquise, ou l'inertie au repos, que l'on casse des cailloux à coups de poing. Cette expérience est faite par des bateleurs de nos foires ; voici comment : la main droite étant enveloppée d'un linge, de la gauche on prend le caillou à casser (silex en rognon), que l'on applique soit sur une grosse pierre, un pavé ou une enclume, puis de la main droite on frappe dessus à coups redoublés, en ayant bien soin de soulever le caillou à casser, à une petite distance de son enclume, chaque fois que le poing est près de la toucher ; l'objet prend alors la vitesse du poing qui frappe, et heurtant violemment son appui, il s'y brise très promptement. Toute simple qu'est cette expérience, elle émerveille toujours les spectateurs (Voy. le frontispice).

Quand un pêcheur armé de sa canne à ligne fait un vif mouvement de relevé, c'est l'inverse qui se produit à l'extrémité de sa canne, laquelle s'abaisse d'autant plus que l'action a été plus énergique, mais se relève ensuite avec la vitesse de la main qui agit.

Il n'est pas inutile de faire observer que les gaz quoique invisibles, quand ils sont incolores comme l'air, peuvent exercer des actions mécaniques sensibles lorsqu'ils sont animés de mouvements rapides. En soufflant avec beaucoup d'énergie dans un verre à bordeaux, contenant un œuf dur, on arrive à faire sauter cet œuf en dehors du verre (fig. 29). Avec de l'adresse et de la

Fig. 29. — Action de l'air animé d'un mouvement rapide. (Page 51.)

force des poumons, il n'est pas impossible sous l'action du courant d'air ainsi développé, de faire passer l'œuf d'un verre dans un autre placé à côté.

L'expérience représentée par la figure 30, rentre dans le même genre de phénomènes; elle est intéressante et peut être variée de différentes manières. On découpe une carte à jouer en une spirale que l'on allonge, de manière que le centre puisse être posé sur une tige de fer recourbé. Si cette spirale est placée dans un courant d'air chaud ascendant, comme celui qui s'échappe de l'extrémité supérieure d'un verre de lampe allumée, elle se met à tourner assez rapidement. La spirale de papier peut être encore placée avec son support sur un poêle chaud.

Fig. 30. — Spirale de carton, mise en rotation par le mouvement ascendant d'un courant d'air chaud. (Page 51.)

Voilà une occasion de faire des dissertations sur le plan incliné, sur le mouvement de l'air, sur la transformation de la chaleur en mouvement, etc.

Posez quelques sous à plat sur une table, de manière qu'ils se touchent et qu'ils soient bien alignés suivant une même ligne droite. Prenez le sou qui commande la file et jetez-le contre

les autres en le faisant glisser à distance ; le sou de l'autre extrémité s'échappera à la suite du choc, transmis par l'élasticité des
pièces (fig. 31). Vous lancez deux pièces à la fois, deux pièces
s'échapperont à l'autre extrémité.

En parlant des forces, on se trouve ainsi conduit à étudier la
force centrifuge. Pour la mettre en évidence, nous aurons recours à un simple verre à boire posé sur une rondelle de carton

Fig. 31. — Expérience sur la transmission d'un choc par l'élasticité. (Page 53.)

que des cordelettes maintiennent solidement; nous y verserons
de l'eau, et nous montrerons qu'en le faisant tourner comme une
fronde, l'eau ne tombe pas, même quand le verre prend la position verticale de haut en bas (fig. 32).

Prenez un abat-jour de la main droite, comme le représente la
gravure de la page 56 (fig. 33) ; à l'aide de la main gauche faites
adroitement, une pièce de monnaie, une pièce de dix centimes,
rouler par exemple, contre la surface intérieure du cône ; au même
moment, imprimez un mouvement de rotation à l'abat-jour, la

pièce de monnaie roulera sans tomber. Si vous diminuez la vitesse de rotation, elle descendra peu à peu, tout en roulant, vers le fond du cône; si vous augmentez la vitesse, la pièce remontera au contraire pour se rapprocher de la circonférence supérieure. Le mouvement de la pièce une fois lancée, se continue aussi

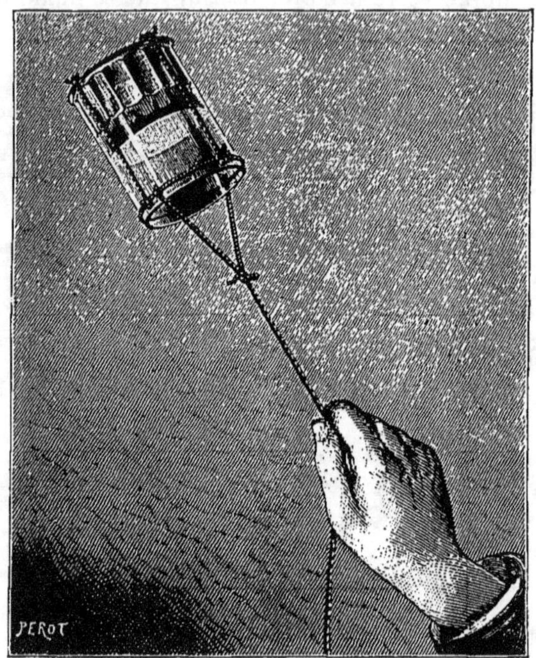

Fig. 32. — Eau maintenue dans un verre par l'action de la force centrifuge. (Page 53.)

longtemps qu'on accomplit le mouvement circulaire. La pièce est maintenue par l'action de la force centrifuge, et tourne inclinée, à la façon de l'écuyer d'un cirque. On peut avec de l'adresse faire rouler dans l'abat-jour deux pièces à la fois.

L'expérience que nous indiquons est facile à réaliser; elle ne nécessite que quelques tâtonnements de mains, surtout pour lancer la pièce au moment du départ; mais elle n'exige pas de la part de l'opérateur une habileté exceptionnelle. Nous l'avons exécutée facilement, et nous l'avons fait exécuter à plusieurs personnes peu familières avec les jeux d'adresse.

A défaut d'un abat-jour, on peut se servir d'une cuvette, ou d'une terrine, ou d'un saladier; mais l'abat-jour de carton est l'objet avec lequel l'expérience que nous signalons réussit le plus commodément.

Si tout le monde peut réussir l'expérience de l'abat-jour sans aucun exercice préliminaire, il n'en est pas de même de celle que représente notre figure 34 (page 57). Elle consiste à soulever un rond de serviette que l'on fait tourner autour de l'index, auquel on imprime un rapide mouvement de rotation; cette expérience est difficile et exige une main très agile, mais nous l'avons vu réussir d'une façon parfaite. On place l'index verticalement au milieu du rond du serviette qui doit être léger et peu massif; on fait tourner le rond autour du doigt, et cela le plus rapidement possible; grâce à l'action de la force centrifuge et à la résistance du frottement, on arrive à entraîner le rond tout en soulevant peu à peu sa main en rotation; il n'est pas impossible d'amener le rond jusqu'au-dessus du goulot d'une bouteille où on le laisse tomber. Ce petit exercice est un de ceux que l'on fait à la fin d'un repas; en dehors de son côté futile, il peut être l'objet de considérations physiques intéressantes.

HYDROSTATIQUE. SIPHONS. CAPILLARITÉ.

Les principes de l'hydrostatique peuvent être expliqués très facilement. M. Aimé Schuster, professeur et bibliothécaire de la ville de Metz, nous a appris à faire connaître d'une manière très simple le principe d'Archimède. On prend un corps de forme aussi peu régulière qu'on le voudra, une pierre par exemple. On attache cette pierre par un fil et on l'immerge dans un verre à boire plein d'eau jusqu'au bord. L'eau dé-

borde ; il s'en écoule nécessairement un volume égal à celui
de la pierre. On essuie le verre ainsi vidé partiellement. On le
place sur le bassin d'une balance, on établit l'équilibre, avec du
plomb de chasse placé sur l'autre bassin. Cela fait, on apporte
un vase plein d'eau et on y fait plonger la pierre suspendue au
plateau de la balance, en soulevant ce vase à l'aide de briques.
L'équilibre est rompu ; pour le rétablir, il suffit de remplir d'eau

Fig. 33. — La force centrifuge démontrée à l'aide d'un abat-jour et d'une pièce de monnaie. (Page 33.

le verre à boire placé sur le plateau du côté de la pierre, c'est-
à-dire de remettre dans le verre le poids d'un volume d'eau précisément égal à celui de la pierre.

Veut-on faire comprendre les principes relatifs aux vases com-
muniquants, donner la notion des jets d'eau, des puits arté-
siens, etc., deux entonnoirs reliés entre eux par leurs tiges à
l'aide d'un simple tuyau de caoutchouc d'une certaine longueur
serviront à la démonstration ; il suffira d'y verser de l'eau et de
montrer que l'eau déborde du second entonnoir si on la verse

abondamment dans le premier entonnoir, placé à un niveau plus élevé, etc.

Un disque de carton et un verre de lampe nous permettront de faire comprendre la nature de la pression de bas en haut exercée par les liquides. J'ai appliqué sur l'ouverture d'un verre de

Fig. 34. — Rond de serviette soulevé par un rapide mouvement de rotation. Force centrifuge et résistance de frottement. (Page 57.)

lampe une rondelle de carton, que je retiens à l'aide d'une cordelette ; je plonge le tube ainsi fermé dans un vase rempli d'eau. La rondelle est maintenue par la poussée du liquide de bas en haut. Pour la séparer de l'ouverture, il suffit de verser de l'eau dans le tube jusqu'à la hauteur du niveau extérieur (fig. 35). La pression extérieure exercée sur le disque est donc égale, comme celle qui s'exerce en dedans, au poids d'une colonne d'eau ayant pour base la surface de l'ouverture du tube et pour hauteur la distance de la rondelle au niveau.

Les seringues, les pompes, etc., sont des effets de la pression atmosphérique. Les ballons s'élèvent en vertu de la poussée des gaz (le ballon est un corps plongé dans un gaz et par conséquent

Fig. 35. — Démonstration de la pression exercée de bas en haut par les liquides. (Page 57.)

soumis aux mêmes lois qu'un corps plongé dans un liquide)[1].

Les bateaux flottent à cause de la poussée des liquides ; l'eau jaillit d'une fontaine, par la pression des liquides.

[1] Quand on place un grain de raisin sec au fond d'un verre rempli de vin de champagne, on voit des bulles de gaz s'y attacher; le grain de raisin monte à la surface du liquide où les bulles crèvent et se dégagent; il retombe alors pour recommencer bientôt son ascension.

Je me rappelle avoir lu une application bien utile de la poussée
et de la pression des liquides.

Pour s'approvisionner d'eau, on charge un cheval de deux
baquets dont le fond est muni d'une soupape s'ouvrant de bas en
haut. L'animal entre et avance dans la rivière, les baquets sont

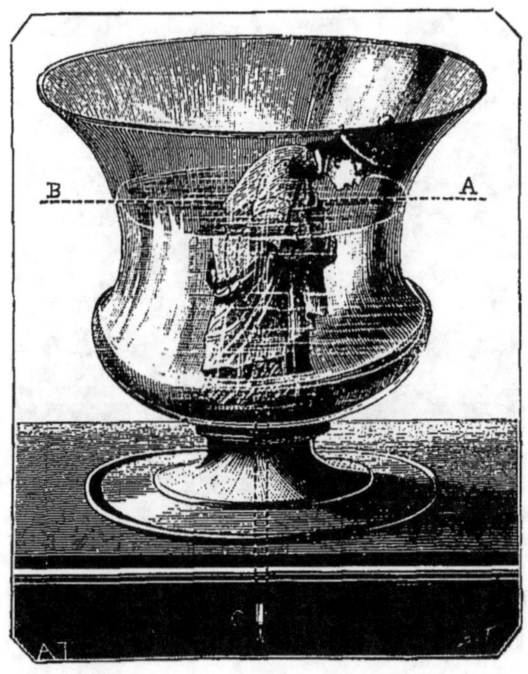

Fig. 36. — Vase de Tantale. (Page 60.)

en partie immergés ; l'eau alors exerce sa *poussée*, la soupape se
lève, et le liquide pénètre dans les baquets. Ceux-ci à peu près
remplis, le cheval se retourne, sort de l'eau, il n'y a plus de
poussée. C'est la pression qui agit alors sur la soupape et qui la
referme.

Les expériences relatives à l'hydrostatique et à l'écoulement
des liquides s'appliquent facilement à la confection de petits

appareils intéressants. Nous n'avons jusqu'ici rien dit du siphon ;
nous le présenterons ci-dessus sous une forme curieuse connue
sous le nom de *vase de Tantale.* Un personnage découpé dans du
bois est disposé au milieu d'un vase de verre dans l'attitude d'un
homme qui veut boire. Si l'on verse lentement de l'eau dans ce

Fig. 37. — Un siphon formé avec une bandelette de drap. (Page 61.)

vase, on reconnaît qu'il est impossible de faire monter le niveau
de l'eau au-dessus de la ligne horizontale AB (fig. 36) ; le mal-
heureux Tantale voit toujours l'eau rester à proximité de ses
lèvres. Ce phénomène s'obtient à l'aide d'un siphon recourbé
dissimulé dans la statuette, et dont la branche d'écoulement,
placée dans le pied du vase perforé, traverse la partie supérieure
d'une table percée d'un trou. Quand le niveau de l'eau s'élève en

AB, le siphon immergé, représenté sur notre figure en pointillé, s'amorce spontanément, et le liquide s'écoule au-dessous de la table, en C.

Découpez une lanière de drap, plongez-la dans l'eau, et disposez-la ensuite de telle façon qu'elle trempe dans deux verres

Fig. 38. — Expérience sur la convexité des ménisques. (Page 62.)

placés à différents niveaux (fig. 37) ; si le verre supérieur est rempli d'eau, cette eau passera en une heure de temps dans le verre inférieur. La lanière de drap aura par capillarité joué le rôle de siphon.

Les phénomènes particuliers qui se manifestent quand on observe le niveau des liquides dans des espaces très étroits, comme dans un tube de verre mince, ou entre deux lames très rapprochées, les phénomènes capillaires, ne nécessitent aucun appareil spécial pour être mis en évidence ; il en est de même pour la convexité ou la concavité des ménisques. La figure 38 représente une jolie expérience de physique amusante , faite au sujet de ces phénomènes. On prend un verre à boire, que l'on remplit d'eau jusqu'au bord, en ayant soin toutefois que le ménisque soit concave. On place à côté une pile de pièces de 5 francs ou de pièces de 10 centimes à défaut des premières. On interroge alors les assistants, et on leur demande combien de pièces on pourra jeter dans le verre sans faire déborder le liquide qu'il contient. Toute personne qui ne connaît pas cette expérience répondra qu'on n'en pourra mettre qu'une ou deux, tandis qu'il est possible d'en faire tenir un nombre considérable, jusqu'à dix ou douze. Quand on fait tomber les pièces avec précaution et d'une main délicate (fig. 38), on voit la surface du liquide devenir de plus en plus convexe, et on est soi-même étonné de l'importance que peut acquérir cette convexité, avant que le liquide ne déborde.

A la suite de cette expérience, nous en mentionnerons une relative aux tourbillons annulaires des gaz ; elle peut être faite avec une boîte formée de cartes à jouer (fig. 39).

On pratique un trou dans une des parois de la boîte, que l'on remplit avec la bouche de fumée de tabac. L'impulsion du pouce sur la membrane inférieure de la boîte fait sortir par l'orifice des anneaux de fumée d'une remarquable régularité.

Tout le monde a vu certains fumeurs adroits lancer de leur bouche ou de leur pipe de jolies couronnes blanches dont on aime à suivre dans l'air calme les tournoiements vaporeux. C'est un fait d'observation journalière qu'une goutte d'eau savonneuse échappée du bout des doigts s'élargit dans la cuvette en forme d'anneau parfait qui grandit avec lenteur en gagnant le fond.

Ces observations ne sont pas futiles et peuvent devenir intéressantes : il n'y a rien de banal à qui sait voir, rien d'indifférent à qui sait observer.

ÉQUILIBRE DES CORPS. CENTRE DE GRAVITÉ.

Les notions relatives au poids des corps, au centre de gravité,
à l'équilibre stable ou instable, peuvent être facilement ensei-
gnées et démontrées au moyen d'un grand nombre d'objets tout
à fait familiers. Quand on met entre les mains d'un enfant une

Fig. 30. — Mode de formation d'anneaux de fumée. (Page 62.)

boîte de soldats découpés dans de la moelle de sureau, fixée à la
moitié d'une balle de plomb, et connus sous le nom de *Prussiens*,
on lui donne l'occasion de faire des expériences faciles sur le
centre de gravité. Au dire de quelques équilibristes, il n'est pas
impossible, avec un peu de patience et de délicatesse de main, de
faire tenir un œuf en équilibre sur un de ses bouts. Pour essayer
cette expérience on doit l'exécuter sur un plan bien horizontal,
une cheminée de marbre, par exemple. Si l'on réussit à faire
tenir l'œuf debout, c'est, comme l'indiquent les plus élémen-

taires principes de la physique, que la verticale du centre de gravité passe par le point de contact du bout de l'œuf avec le plan sur lequel il s'appuie.

Notre figure 40 reproduit une curieuse expérience d'équilibre, qui s'exécute avec beaucoup plus de facilité. On pique deux fourchettes dans un bouchon de liège ; on place le bouchon sur le bord du goulot d'une bouteille. Les fourchettes et le bouchon

Fig. 40. — Expérience sur le centre de gravité. (Page 64.)

forment un ensemble dont le centre de gravité est fixé au-dessus du point d'appui ; on peut pencher la bouteille, la vider même si elle est pleine de liquide, sans que le système qu'on y a posé perde son équilibre. La verticale du centre de gravité passe toujours par le point d'appui, et les fourchettes oscillent avec le bouchon qui leur sert de support, formant un édifice mobile, mais beaucoup plus stable qu'on ne serait tenté de le supposer. Cette expérience curieuse s'exécute souvent par des prestidigitateurs, qui annoncent aux spectateurs devant lesquels ils font

leurs tours, qu'ils se chargent de vider une bouteille en laissant
le bouchon sur son goulot.

Nous avons déjà fait connaître ce tour d'équilibre en 1873,
dans le *Magasin pittoresque*, où, peu de temps après, un lecteur
publia la même expérience sous une forme un peu plus compli-

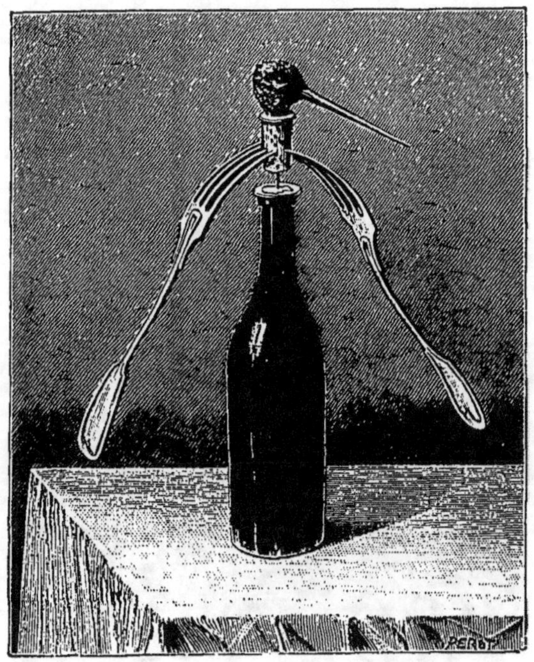

Fig. 41. — Autre expérience sur le centre de gravité. (Page 65.)

quée. « Si l'on sert une bécasse dans un repas, ou tout autre
oiseau à long bec, on en sépare la tête en bas du cou ; on fend un
bouchon de manière à pouvoir y introduire le cou de l'oiseau,
qui doit être suffisamment serré, puis on adapte au bouchon
deux fourchettes, exactement comme dans l'expérience précédente ; ensuite, on enfonce une épingle sous le bouchon. On
place ensuite ce petit appareil sur une pièce de monnaie mise à

plat sur l'orifice du goulot de la bouteille ; et enfin, lorsque l'équilibre est bien assuré, on imprime un mouvement de rotation à l'une des fourchettes, assez rapidement même, si l'on veut, mais autant que possible sans secousses (fig. 41). Alors on voit tourner sur leur pivot, qui n'est qu'une simple tête d'épingle,

Fig. 42. — Expérience d'équilibre faite avec une épingle, un clou, une clef, une règle de bois et un poids. Centre de gravité. (Page 67.)

les deux fourchettes et le bouchon surmonté de la tête de bécasse. Rien n'est comique comme le long bec de l'oiseau se tournant successivement vers chacun des convives, réunis autour de la table, et quelquefois, avec de singuliers petits mouvements oscillatoires qui donnent à cette tête un faux air de vitalité. Ce mouvement de rotation dure assez longtemps. Parfois on ouvre

des paris sur cette question : — Devant quel convive le bec s'ar-
rêtera-t-il ? [1] »

Voici une autre expérience d'équilibre qui est très saisissante
et très facile à réussir. On prend une clef, à l'extrémité de laquelle on enfonce un clou à crochet. On adapte le crochet de ce
clou à une règle de bois, au moyen d'une cordelette bien liée. A
la partie inférieure de la règle, on suspend un poids de 50 à
100 grammes. Cela fait, on implante une épingle à grosse tête
sur le bord d'une table ; la clef munie de son système peut y être
posée en équilibre, comme l'indique la figure 42. Elle tourne
même sur son étroit support sans tomber. Est-il nécessaire de
dire que l'explication de ce fait réside dans l'action du poids, qui,

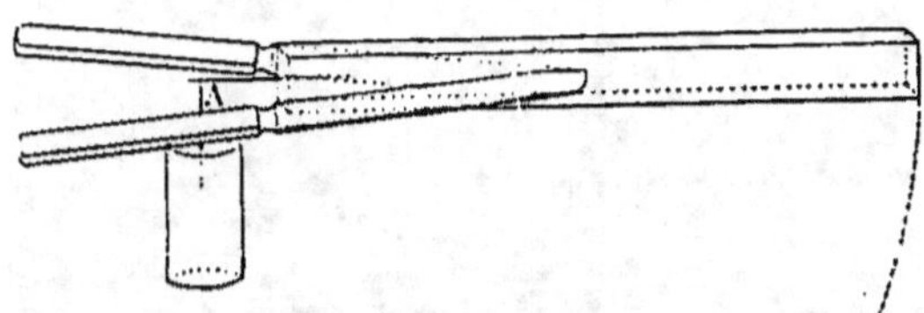

Fig. 43. — Autre expérience d'équilibre. Centre de gravité. (Page 67.)

par la déviation de la règle rigide, se trouve situé sous la table ?
Le centre de gravité du système est exactement au-dessous du
point de suspension.

Si l'on enfonce la pointe de deux couteaux dans une règle de
bois, comme le montre notre gravure (fig. 43), et que l'on fixe
une aiguille à l'extrémité de la règle, comprise entre les deux
manches des couteaux, le système pourra être mis en équilibre
sur la pointe d'une autre aiguille A, enfoncée verticalement
dans un bouchon.

Les expériences sur le centre de gravité sont très nombreuses
et très variées. En voici une qui peut se réaliser avec un jeu de
dominos.

[1] *Magasin pittoresque,* 1874, p. 180.

La figure 44, qui la représente, s'explique d'elle-même. Elle montre le moyen de faire tenir un jeu complet de dominos sur un seul dé placé sur champ. On peut, pour faciliter la construction, commencer par placer trois dés sur champ, et par établir la construction comme le représente notre gravure. On retire dé-

Fig. 44. — Expérience sur le centre de gravité faite avec un jeu de dominos. (Page 68.)

licatement les deux dés qui avaient servi de support et on les pose sur le monument fragile. L'équilibre a lieu pourvu que la verticale menée du centre de gravité du système, passe par la base de sustentation du domino inférieur.

Puisque nous tenons en mains un jeu de dominos, ne le quittons pas sans faire connaître une expérience d'inertie faite, comme la première, avec des dominos.

Voici comment on prépare l'expérience : On place premièrement deux dominos debout, puis un autre dessus, en forme de porte, les faces blanches étant en regard intérieurement. Sur le domino horizontal, on en place un quatrième, les faces noires en contact. Enfin, sur ce quatrième domino, on en dispose deux

Fig. 45. — Expérience relative à l'inertie, exécutée avec des dominos. (Page 69.)

autres verticalement, puis un dernier en travers, comme dans la figure ci-dessus (fig. 45).

L'expérience consiste à éliminer rapidement le domino horizontal inférieur sans troubler le reste de l'échafaudage. A cet effet, on dispose en avant du tout, un domino couché sur l'un de ses plus grands côtés AB, et à une distance convenable, pour que, en passant l'index entre les deux dominos inférieurs, et en appuyant fortement son extrémité en E, on détermine, par un mouvement brusque en arrière, le redressement rapide de AB suivant AC.

Si ce redressement est convenablement exécuté, l'angle D vient frapper subitement le domino horizontal inférieur et le

Fig. 46. — Pantins automatiques. (Page 71.)

chasse dans la direction de la flèche F, déplacement suivi de la descente instantanée du cadre supérieur sur les deux dominos formant pieds droits.

Cette expérience est très intéressante. Elle est d'autant plus facile qu'on opère sur une surface moins polie, avec des dominos plus minces, et à surfaces plus lisses. Avec des dominos très épais, elle est presque impossible.

Revenons au centre de gravité.

Dans les cabinets de physique se trouvent souvent des cylindres de bois qui remontent sans impulsion des plans inclinés. Un tel fait surprend au premier abord ; il cesse d'étonner quand on sait

Fig. 47. — Coupe de l'appareil. Première position des pantins.

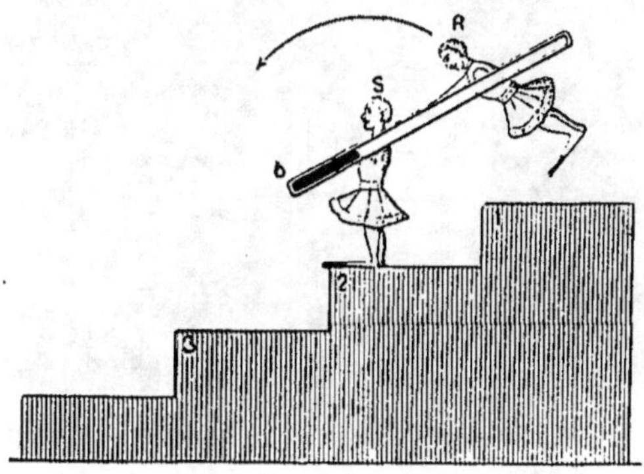

Fig. 48. — Deuxième position des pantins.

que le centre de gravité est situé tout près du bord du cylindre à cause d'une masse de plomb qu'on y a incrustée.

La figure 46 représente très fidèlement un jouet qui se vend sur les boulevards de Paris à l'époque du premier de l'an. Ce petit appareil, qui est connu depuis très longtemps, est une des plus charmantes applications des principes relatifs au centre de gravité. Avec un peu d'habileté, on peut le construire soi-même. Il consiste en deux petits pantins qui tournent autour d'axes adaptés à deux tubes parallèles, contenant du mercure.

Quand on pose le système dans la position de la figure 47, le mercure étant en *a*, les deux poupées restent immobiles, mais si

Fig. 49. — Carafe à moitié pleine d'eau, soulevée au moyen d'une paille. (Page 74.)

l'on abaisse la poupée S de manière à ce qu'elle pose sur la deuxième marche (n° 2) de l'escalier, comme l'indique la figure 48, le mercure descend en *b* à l'autre extrémité du tube ; le centre de gravité se trouve brusquement déplacé : la poupée R accomplit une révolution complète dans le sens indiqué par la flèche (fig. 48) et vient se poser sur la marche n° 3 ; le même effet se reproduit pour la poupée S, et ainsi de suite, autant de fois qu'il y aurait de gradins à descendre.

On peut remplacer les pantins par un cylindre creux en papier bristol, fermé à ses deux extrémités et contenant une bille : le cylindre, posé verticalement sur un plan incliné, descend à la façon des pantins.

Fig. 50. — Fusion de l'étain dans une carte à jouer. (Page 74.)

Les lois de l'équilibre et du déplacement du centre de gravité sont observées rigoureusement par les jongleurs, qui arrivent à de véritables prodiges, généralement facilités du reste par le mouvement de rotation imprimé aux corps sur lesquels ils opèrent et qui fait intervenir la force centrifuge. Le jongleur qui tient en équilibre sur son front une mince baguette, à l'extrémité de laquelle tourne une assiette, ne réussirait jamais à répéter cette expérience, si l'assiette ne tournait pas autour de son axe avec une très grande rapidité. C'est que, par la rotation, le centre de gravité se déplace tout autour du point d'appui. Inutile de rappeler que le mouvement de la toupie tend à la tenir verticale.

Les expériences de physique mécanique pourraient être imaginées en grand nombre. Pour terminer l'énumération de celles que nous avons réunies à ce sujet, nous mentionnerons la manière de soulever une carafe pleine d'eau au moyen d'une simple tige de paille.

On plie la paille avant de l'introduire dans le vase de verre, de telle façon qu'un brin oblique travaille par compression quand on la soulève. La figure 49 montre très nettement comment il faut opérer. Il est bon d'avoir à sa disposition quelques tiges bien intactes, sans cassures antérieures, afin de pouvoir opérer par tâtonnement, si l'on ne réussit pas au premier essai.

LA CHALEUR.

L'étude de la chaleur et du calorique peut être sommairement entreprise sans aucun appareil.

Veut-on mettre en évidence le grand pouvoir conducteur des métaux, on applique une fine toile de mousseline sur une masse de métal poli, de manière que le contact soit bien établi. On place sur la mousseline une braise incandescente, dont on excite la combustion par le souffle; la mousseline n'est nullement brûlée, la chaleur est entièrement absorbée par le métal, qui l'enlève à travers le tissu pour la disséminer dans sa masse. La figure 50 représente une expérience analogue : elle consiste à faire fondre de l'étain dans une carte à jouer chauffée sur la flamme d'une lampe à esprit-de-vin. On arrive à déterminer la fusion du métal sans brûler le carton.

Il faut avoir bien soin de chauffer la carte avec précaution, et autant que possible dans les parties qui se trouvent en contact avec le métal. La chaleur se trouve entièrement absorbée par l'étain, à la fusion duquel elle ne tarde pas à donner naissance.

Les expériences de cette nature nécessitent parfois quelques tâtonnements et quelques exercices préparatoires, de la part de l'opérateur; dans le cas d'insuccès il est bon de recommencer à plusieurs reprises jusqu'à ce que l'on ait obtenu le résultat voulu.

C'est par un effet tout semblable que les métaux nous paraissent froids quand nous y posons la main; par leur conductibilité, ils enlèvent la chaleur à notre main, et nous donnent cette impression particulière que nous n'éprouvons pas au contact de corps mauvais conducteurs, comme le bois, les tissus de laine, etc.

Une cuillère d'argent est brûlante quand elle plonge dans une tasse de thé bouillant, parce qu'elle conduit bien la chaleur; une cuillère en bois, en ivoire ou en tout autre corps mauvais conducteur du calorique ne produit aucunement la même sensation.

La figure 51 montre la manière de faire bouillir de l'eau dans du papier. On façonne une petite boîte en papier comme les écoliers savent en faire; on la suspend par quatre fils à une tige de bois maintenue horizontalement à une hauteur convenable. On remplit d'eau ce vase improvisé et on le place sur la flamme d'une lampe à esprit-de-vin. Le papier n'est nullement brûlé parce que l'eau absorbe toute la chaleur nécessaire à son changement d'état. Au bout de quelques minutes, cette eau arrive à bouillir, à dégager des vapeurs, et le papier reste intact. Il est bon d'opérer au-dessus d'une assiette creuse afin que l'eau soit recueillie en cas d'accident. Le vase de papier doit être chauffé de telle façon que la flamme touche seulement les parties qui se trouvent en contact avec l'eau. Partout ailleurs, le papier brûlerait immédiatement.

Cette expérience est délicate et nécessite quelques précautions, mais nous l'avons réussie à plusieurs reprises, en la disposant comme la représente notre gravure. La règle servant de support était posée horizontalement sur deux carafes.

On peut encore se servir d'une coquille d'œuf comme petite marmite pour chauffer de l'eau. Quand on mange un œuf à la coque on met de côté la coquille vide et on y verse une petite quantité d'eau; cela fait, on la place sur un petit anneau de fil de fer que l'on a préparé à l'avance. Dans ces conditions,

Fig. 51. — Ébullition de l'eau dans un vase de papier. (Page 75.)

elle peut être chauffée sur la flamme d'une lampe à esprit-de-vin sans être en aucune façon endommagée.

Le petit jouet que représente la gravure ci-contre (fig. 52) n'est pas très répandu; il se rattache aux principes de la dilatation des gaz par la chaleur; nous l'avons acheté à un marchand en plein air qui le vendait aux passants sous le nom de *Diable captif*. Il consiste en un matras de verre mince, fermé à la lampe. Le récipient inférieur est enduit d'un vernis noir qui le rend opaque. On tient ce

Fig. 52. — Le diable captif. (Page 76).

récipient à la main : presque aussitôt, on voit un liquide intérieur entrer en ébullition et soulever un petit
diable en verre soufflé qui s'élève dans le col
transparent du vase. Si l'on retire la main et que
l'on reprenne le petit appareil par sa partie supérieure, le mouvement du liquide s'arrête, et le
diable retombe dans le récipient où il est empri-
sonné.

La coupe du petit appareil (fig. 52 *bis*) en fera
comprendre le mode de fonctionnement avec l'explication suivante.

Tous les gaz se dilatent sous l'influence de la
chaleur : or, l'on voit ici que le tube supérieur se
termine en tube capillaire, plongeant dans la
petite ampoule. Une certaine quantité d'air se
trouve renfermée en A,A dans l'ampoule : si vous chauffez cet

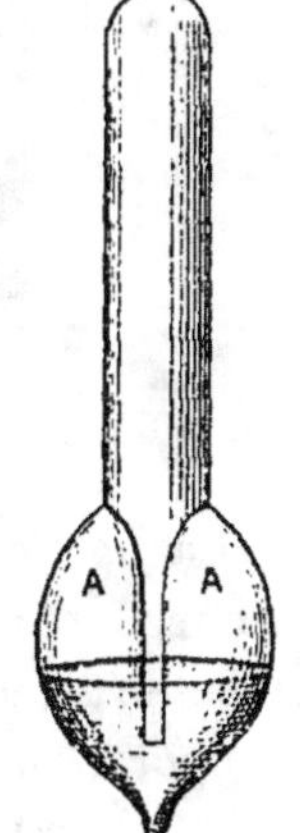

Fig. 52 *bis*.

air avec la main, il se dilate, repousse le liquide dans le tube capillaire et le fait monter dans le grand tube, entraînant le petit
flotteur de verre ; quand tout le liquide est chassé de l'ampoule,
c'est l'air lui-même qui passe dans le grand tube, et comme il
traverse le liquide, celui-ci paraît être en ébullition.

Fig. 53. — Expérience sur la regélation de la glace. (Page 78.)

La figure 53 donne la disposition d'une remarquable expérience fort peu connue, sur la regélation de la glace. On pose un
bloc de glace sur les bords de deux chaises de fer, ou de tout autre
support ; on l'entoure d'un fil de fer, auquel on suspend un poids
de 5 kilogrammes. Le fil de fer pénètre peu à peu dans la masse
du bloc de glace ; après deux heures environ, il l'a traversé tout
entier et le poids tombe à terre avec le fil de fer.

Qu'arrive-t-il du bloc de glace ? Vous supposez sans doute qu'il est coupé en deux. En aucune façon, il est intact, en un seul morceau, comme auparavant. A mesure que le fil de fer a pénétré dans la masse, la fente qu'il a ouverte s'est refermée par la regélation.

La glace ou la neige pendant l'hiver peuvent servir à un assez grand nombre d'expériences relatives à la chaleur. Si l'on veut démontrer l'influence des couleurs sur le pouvoir rayonnant, on prend deux morceaux de drap de même grandeur, dont l'un est de couleur blanche et l'autre de couleur noire, on les pose tous les deux sur la neige, autant que possible quand un rayon de soleil brille dans le ciel. Après un espace de temps assez court, on constate que la neige placée sous le drap noir a fondu beaucoup plus abondamment que celle qui se trouve au-dessous du drap blanc ; c'est que le noir absorbe de la chaleur beaucoup plus que le blanc, qui tend au contraire à la réfléchir. En touchant de la main les deux draps, on s'aperçoit très nettement de la différence de température. Le drap blanc parait frais en comparaison du drap noir.

Ces faits très simples nous expliquent pourquoi l'on se sert habituellement de vêtements de couleur blanche dans les pays chauds ; c'est parce qu'ils ont un pouvoir rayonnant considérable.

Est-il nécessaire d'indiquer des expériences sur la dilatation des corps ? On peut en faire partout avec une infinité d'objets ; de l'eau placée dans un ballon à col effilé, et chauffée sur le feu, permettra de constater la dilatation des liquides sous l'influence de la chaleur. On pourra façonner ainsi un véritable thermomètre.

Il est facile de se rendre compte de la même façon, de la dilatation des corps solides sous l'action de la chaleur ; mais nous n'insisterons pas sur ce genre d'expériences qui se trouvent décrites dans les traités spéciaux.

L'ACOUSTIQUE ET LES SONS.

L'étude de l'acoustique peut être abordée par la *Physique sans appareils* comme celle des autres branches de la physique.

Fig. 54. — Conductibilité du son par les corps solides.

Voici une expérience très intéressante qui donne une très bonne idée de la transmission des sons par les corps solides. On attache une cuiller d'argent ou de ruolz à un fil, on enfonce les deux extrémités de ce fil dans chaque oreille, comme le montre la figure 54 ; cela fait, on imprime un mouvement de balancement à la cuiller, et on lui fait ainsi toucher le bord d'une table ; la transmission du son est si intense au moment du choc de la cuiller contre la table, que l'on croirait entendre résonner un bourdon de cathédrale. Cette expérience explique parfaitement la transmission de la parole par le téléphone à ficelle, autre appareil que l'on peut fabriquer soi-même avec la plus grande facilité. On adapte des rondelles de carton au fond de

Fig. 55. — Expérience sur la vibration des verges. (Page 82.)

deux cylindres de fer-blanc, de la grosseur d'un verre de lampe et de 10 centimètres de hauteur. Si l'on réunit les deux cartons par un fil de soie long de 15 à 20 mètres, on pourra transmettre la parole d'un bout à l'autre de cette cordelette ; celui qui parle fait entendre sa voix dans le premier cylindre ; celui qui écoute appuie l'autre cylindre contre son oreille.

Parmi les expériences exécutées dans les cours par des professeurs ayant à leur disposition tout un cabinet de physique, et qui, au premier abord, semblent très compliquées, il en est cependant quelques-unes que l'on peut reproduire, avec des objets usuels. Est-il une expérience d'acoustique plus intéressante que celle de M. Lissajous, et qui consiste, comme le savent nos lecteurs, à projeter sur un tableau, à l'aide de la lumière oxhydrique, les courbes vibratoires tracées par l'extrémité de l'une des branches d'un diapason rendant un son? Il est très facile de montrer une expérience analogue au moyen d'une simple aiguille à tricoter. Vous plantez solidement la tige flexible d'acier dans un bouchon qui lui sert de support; vous fixez à son extrémité supérieure, restée libre, une petite boule de cire à cacheter où vous collez une rondelle de papier de la dimension d'un pois. Si vous tenez solidement le bouchon d'une main, et que vous fassiez fortement vibrer l'aiguille, soit en l'écartant de sa position d'équilibre, et en l'abandonnant à elle-même, soit en la frappant d'un coup énergique au moyen d'une règle de bois, vous verrez la petite boule de cire surmontée de papier, décrire très nettement une ellipse plus ou moins allongée ou une circonférence, suivant l'intensité ou le nombre des vibrations. Le phénomène est très sensible quand on a soin de faire vibrer la tige sous une lampe bien allumée; dans ce cas, la persistance des impressions sur la rétine, permet de voir en même temps la verge vibrante tout entière dans ses positions successives, et on croirait avoir sous les yeux l'image fugitive d'un vase conique très allongé, comme un verre à champagne (fig. 55).

Il est facile de montrer que le son met un certain temps pour se propager d'un point à un autre. Quand on voit au loin un charpentier qui enfonce un pieu, on reconnaît que le son produit par le choc du marteau contre le bois, n'arrive à l'oreille que quelques secondes après le contact des deux objets. On voit jaillir la flamme produite par la combustion de la poudre dans un fusil, bien avant d'entendre le son produit par l'arme à feu, à condition toutefois qu'on se trouve à une distance assez considérable.

On peut montrer la génération de la gamme en découpant de
petites plaques de bois de différentes grandeurs, et en les jetant
successivement sur une table ; les sons produits sont différents
suivant la grandeur des morceaux découpés. Le même effet peut
s'obtenir beaucoup mieux à l'aide de verres à pied plus ou
moins remplis d'eau. On les frappe avec une baguette ; ils ren-

Fig. 56. — Les verres chanteurs. (Page 83.)

dent un son que l'on modifie en versant dans le verre une quantité d'eau plus ou moins considérable ; si l'opérateur est doué
d'une oreille musicale, il peut obtenir par tâtonnement une
véritable gamme au moyen de sept verres qui donnent chacun
sa note (fig. 56). Un morceau de musique peut être joué par ce
procédé. Les verres chanteurs produisent un son argentin souvent très pur.

Nous compléterons les notions élémentaires de l'acoustique en

décrivant un très curieux appareil dû à M. Tisley : l'harmonographe. Cet instrument, que nous montrerons à construire facilement, est l'objet d'études d'un très grand intérêt.

L'harmonographe se rattache à la mécanique par son principe
et à la science acoustique par son application. Examinons d'a-

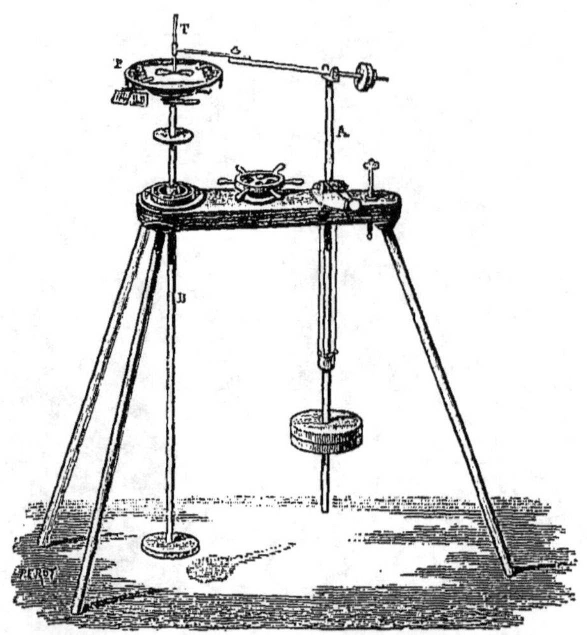

Fig. 57. — Harmonographe de M. Tisley. (Page 84.)

bord l'appareil en lui-même. Il se compose de deux pendules A et
B (fig. 57) placés sur des suspensions à la Cardan. Le pendule B
supporte une plate-forme P sur laquelle on peut placer de
petites feuilles de bristol, comme le montre la figure. Ces feuilles
sont fixées à l'aide de petites pinces de laiton. Le pendule A porte
une tige horizontale à l'extrémité de laquelle est un tube en
verre T terminé à son extrémité inférieure par une ouverture capillaire, ce tube est rempli d'encre d'aniline et vient s'appuyer

sur le bristol ; le support et le tube sont équilibrés par un contre-
poids à vis placé sur la droite. Les deux lentilles A et B sont
lestées par des rondelles de plomb qu'on peut déplacer à volonté
sur les tiges, de façon à obtenir des oscillations dont la durée peut
varier dans certaines limites. Pour que le rapport entre les durées
d'oscillation des deux pendules puisse se régler exactement,
la tige A supporte un petit poids additionnel dont on peut régler
la hauteur à l'aide d'une vis et d'un petit treuil. En imprimant au

Fig. 58. — Rapport 1/2.

pendule A un mouvement d'oscillation, la pointe du tube T
viendra tracer une ligne droite sur le bristol placé en P ; mais si
l'on imprime un mouvement au pendule B, le papier se dépla-
çant aussi, la pointe du tube T tracera des courbes dont la forme
variera avec la nature du mouvement de la tige B, le rapport des
oscillations des pendules A et B, l'amplitude des mouvements, etc.
Si le mouvement des pendules s'effectuait sans frottements, la
courbe serait la même et la pointe repasserait indéfiniment sur
le même trait, mais l'amplitude des oscillations diminuant régulièrement, il s'en suit que la courbe diminue de grandeur en
conservant toujours sa forme pour tendre à un point qui corres-

pond à la position de repos des deux pendules. Il en résulte que les courbes tracées par l'appareil et dont nous reproduisons trois spécimens (fig. 58, 59 et 60), sont tracées d'un trait continu en commençant par la partie qui correspond à la plus grande amplitude. En changeant le rapport des durées d'oscillation et les

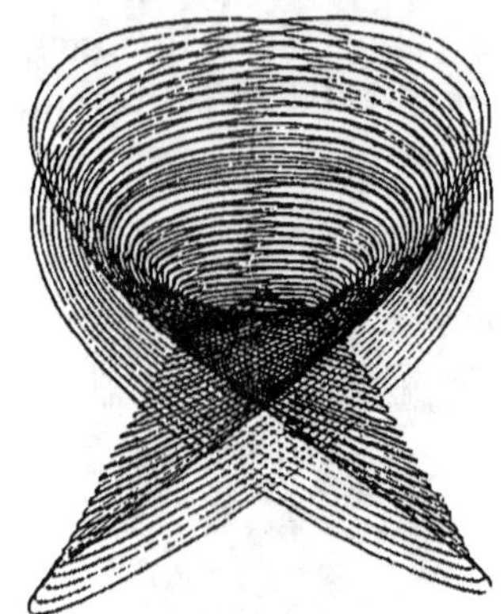

Fig. 59. — Rapport 2/3.

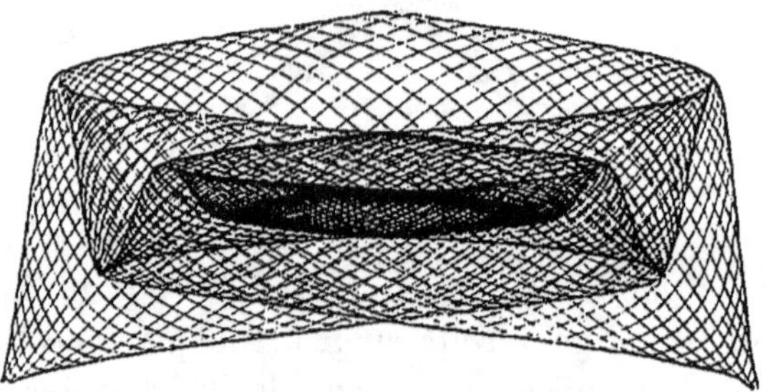

Fig. 60. — Rapport 1/2 et une fraction.

phases de leur mouvement, on obtient des courbes dont l'aspect varie à l'infini. M. Tisley a une collection de plus de trois mille courbes que nous avons parcourue rapidement et dans laquelle nous n'avons jamais rencontré deux figures pareilles. A chaque rapport entre ces courbes correspond une *famille* spéciale dont l'analyse peut définir les caractères généraux, question qui sort de notre cadre.

En imprimant au plateau P un mouvement de rotation, on obtient des courbes spirales d'un très curieux effet, mais l'appareil est plus compliqué. Considéré à ce point de vue, il constitue un appareil cinématique intéressant montrant la combinaison des mouvements et résolvant certaines questions de mécanique pure.

Au point de vue acoustique, il constitue un appareil d'études non moins curieux. Les expériences de M. Lissajous ont prouvé que les vibrations des diapasons étaient *pendulaires* quoique beaucoup plus rapides que celles du pendule. On peut donc reproduire avec cet appareil toutes les expériences de M. Lissajous, avec cette différence que les mouvements étant plus lents sont plus faciles à étudier et que leur inscription devient par cela même très facile. Lorsque le rapport entre le *nombre de vibrations*, — nous employons à dessein le mot vibration pour le mot oscillation, — est un nombre simple, on obtient les dessins des figures 58 et 59. Si le rapport n'est pas *exact*, on obtient la figure 60, figure assez irrégulière d'aspect et qui correspond aux *déformations* observées dans les expériences de M. Lissajous.

La figure 59 a été tracée avec le rapport *exact* $\frac{2}{3}$, la figure 58 avec le rapport $\frac{1}{2}$, la figure 60 correspond au rapport $\frac{1}{2}$, plus une petite fraction qui cause l'irrégularité de la figure. En considérant l'harmonie des figures 58 et 59 dont la première correspond à l'*octave* et la seconde à la *quinte*, tandis que la figure 60 correspond à une *neuvième*, intervalle désagréable s'il en fut, n'est-on pas tenté d'ajouter une certaine foi à la loi fondamentale des *rapports simples* comme base de l'harmonie? Pour l'œil cela paraît hors de doute; les musiciens se contenteront-ils de cette explication?

L'harmonographe de M. Tisley est, on le voit, un appareil assez compliqué; il me reste à montrer comment on peut le rendre pratique et le construire à l'aide de quelques planches.

Je cherchai à construire un appareil aussi simple que possible et avec des matériaux aussi communs que je pourrais les trouver, me disant que c'était là le meilleur moyen de permettre à tout le monde de reproduire ces jolies courbes d'intervalles musicaux. Aussi je proscrivis complètement l'emploi des métaux et je construisis tout mon appareil avec des morceaux de règles à dessin et de boîtes à cigares.

Voici pour cela comment je m'y pris : Sur deux côtés consécutifs d'une planche à dessin, je fixai 4 petites barres de bois (fig. 61) parallèles deux à deux et portant à leur extrémité un petit morceau de fer-blanc formant une rainure (fig. 62).

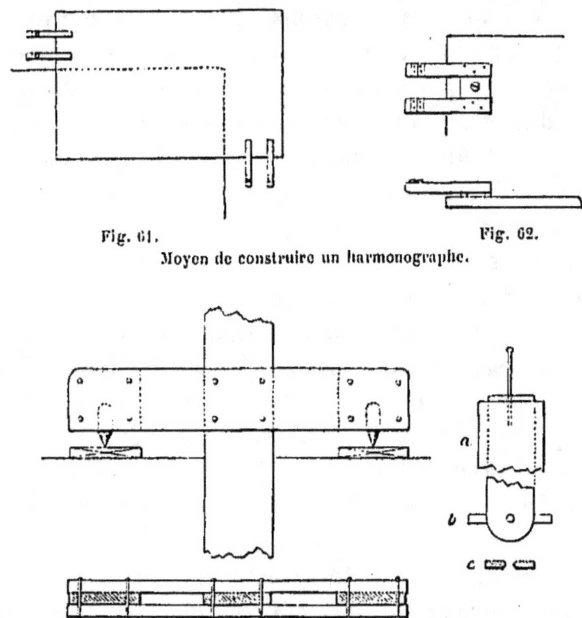

Fig. 61. Fig. 62.

Moyen de construire un harmonographe.

Fig. 63. — Autres figures sur le même sujet.

C'est sur ces rainures que viendront s'appliquer les couteaux, ou plutôt les clous qui supportent les pendules. Cette planche est placée en porte à faux sur le coin d'une table, de façon que les pendules qui oscillent dans deux plans rectangulaires, soient dans deux plans sensiblement parallèles aux côtés de la table.

Les pendules sont formés d'une latte mince, prise vers son extrémité supérieure par deux petites pièces de bois perpendiculaires à sa longueur et qui portent les clous très pointus sur

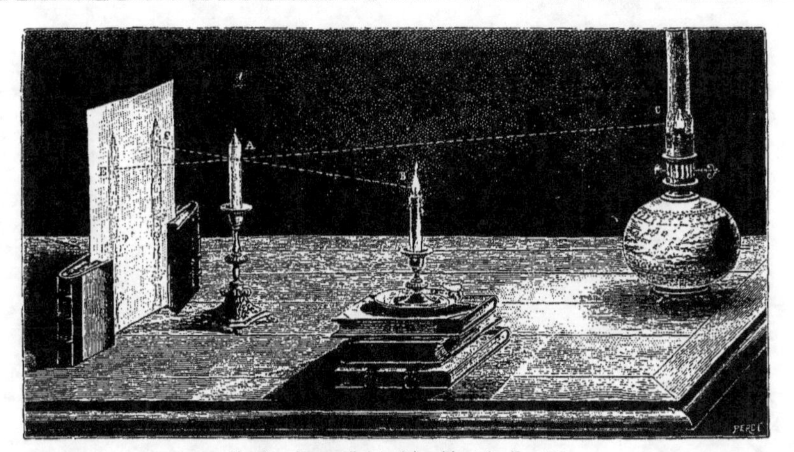

Fig. 64. — Un appareil photométrique élémentaire. (Page 93.)

lesquels oscille le pendule. Les figures ci-contre en donnent une idée.

Ces pendules portent à leur extrémité supérieure une épingle implantée verticalement et sur laquelle vient s'enfiler l'extrémité d'une tige qui, à l'aide d'une charnière, réunit les sommets des deux pendules. Cette organisation d'épingle est très avantageuse,

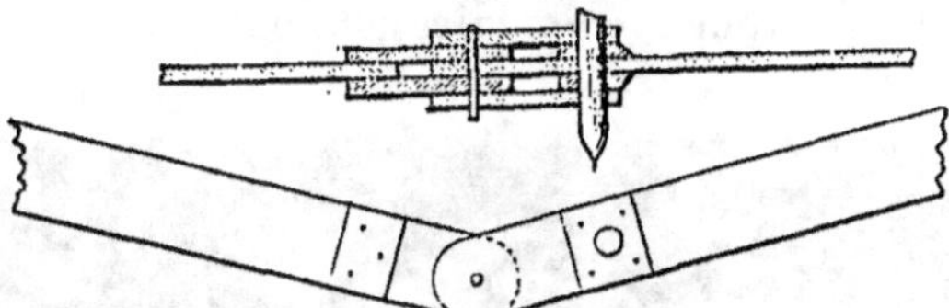

Fig. 65. — Détails du mécanisme de l'harmonographe.

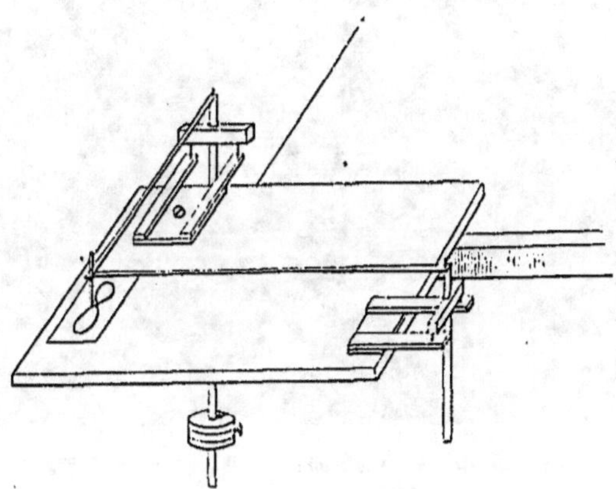

Fig. 66. — Vue d'ensemble de l'appareil.

et si on prend soin de faire le trou de la tige à charnière en forme de double cône comme l'indique la figure 64 (c), elle réalise un véritable joint universel qui permet à la tige toutes sortes de mouvements de petite étendue.

Enfin, pour compléter l'appareil, les têtes des deux pendules sont réunies par une tige à charnière, dont le point de brisure porte un tube de verre effilé qui trace les courbes. La charnière est conforme au détail ci-dessus (fig. 65).

Ce sont les extrémités de ces deux tiges qui viennent s'ajuster sur les deux épingles des pendules (fig. 63 et 65).

Les pendules portent des rondelles de plomb qu'on peut fixer à telle hauteur qu'on veut à l'aide de vis de pression (fig. 66).

LA LUMIÈRE ET L'OPTIQUE.

Après avoir mentionné quelques expériences d'acoustique, nous aborderons l'étude élémentaire de l'optique.

Fig. 67. — Une carafe employée comme lentille convergente. (Page 95.)

On est souvent embarrassé pour se rendre un compte à peu près exact de la valeur de deux éclairages. Rien pourtant n'est plus facile, comme on va le voir.

Dans la comparaison de divers éclairages, il y a lieu de tenir compte de la dépense à l'heure, de la couleur de la lumière, de la valeur lumineuse de la source, et beaucoup de la fixité absolue de la flamme.

La valeur lumineuse d'un bec se compte d'usage en bougies, et on prend pour type celle de 10 au kilogr. Des appareils de précision servent à faire cette étude quand on la veut d'une grande rigueur; mais il est facile de se créer un matériel bien suffisant pour se rendre compte des divers éclairages usuels.

Supposons qu'il faille apprécier, soit deux lampes rivales, soit la valeur en bougies d'une source lumineuse, c'est-à-dire

Fig. 63. — Microscope simple formé par un ballon de verre rempli d'eau. (Page 95.)

comparer une lampe et une bougie. On disposera sur une table les deux foyers lumineux à égale hauteur, B et C (fig. 64, page 89), puis en avant on placera un corps opaque A, et enfin une grande feuille de papier sera mise auprès du corps opaque le plus verticalement possible et formera ainsi un écran.

Allumant alors B et C on produira deux ombres E et F auxquelles on arrivera facilement à donner exactement la même intensité en avançant ou reculant l'une des deux sources de lumières.

Ceci obtenu, les intensités lumineuses seront inversement proportionnelles aux carrés des distances mesurées AB et AC. C'est en opérant par des procédés identiques, au fond, que l'on est parvenu à dresser le tableau suivant des valeurs relatives entre elles des divers éclairages les plus usités.

Nous n'y faisons pas figurer l'éclairage électrique, qui a pris dans ces derniers temps une si grande importance ; quels que soient les progrès accomplis, ce système d'éclairage n'a pas encore pénétré dans le domaine de la vie domestique.

NATURE DES ÉCLAIRAGES.	QUANTITÉ brûlée à l'heure.	PUISSANCE en bougies types.	VALEUR EN CENTIMES	
			de la matière brûlée.	de l'unité de lumière.
			c. m.	c. m.
Bougie de l'Étoile (ancienne) 10 au kil. à 3f.20	0gr.600	1	3.072	3.072
— stéarique — 3f.20	10gr.100	1 faible.	3.251	3.251
— — — 2f.00	10gr.500	1 très f.	3.045	3.045
Chandelle de suif — 1f.70	0gr.730	0.874	1.654	1.887
Lampe modérateur 12 lignes, huile épurée à 1f.40 le kil....................	42gr.000	7.000	5.880	0.840
Gaz ordinaire des villes à 0f.50 le mèt. cube brûlé au bec Manchester plat............	97lit.000	7.360	4.850	0.650
Gaz ordinaire des villes à 0f.50 le mèt. cube brûlé au bec n° 8.....................	154lit.000	14.440	7.700	0.537
Lampe à huile de pétrole bec plat (9 lignes), huile à 1f.15 le kil..................	48gr.000	10.000	4.600	0.460
Lampe à huile de schiste, bec 14 lignes à 1f.10 le kil.....................	53gr.000	14.000	5.830	0.410
Gaz ordinaire (province) à 30 c. le mèt. cube bec plat n° 6.....................	97gr.000	7.360	2.910	8.394
Gaz ordinaire (province) à 30 c. le mèt. cube bec plat n° 8.....................	154gr.600	14.400	4.629	0.319
Lampes à essence minérale de 12 lignes ordinaire,.....................	40gr.000	12.000	»	»
Lampe à essence minérale à quadruple courant d'air gazoline pesant 600gr, le lit. à 70 c.	30gr.000	14.000	3.181	0.227

Pour montrer les effets de la réfraction, il suffit de plonger un bâton dans l'eau, on le voit prendre l'apparence d'un bâton cassé. On peut encore placer une pièce de monnaie au fond d'une cuvette et se baisser peu à peu jusqu'au moment où le bord formant écran, on cesse de voir la pièce au fond du vase. Si à ce moment un opérateur remplit la cuvette d'eau, la pièce de monnaie apparaît comme si le fond s'était élevé.

Les lentilles de verre employées par les physiciens sont très bien remplacées par une simple carafe ronde remplie d'eau. Une bougie est allumée dans l'obscurité; si l'on place la carafe entre cette bougie et un mur formant écran, on voit l'image renversée de celle-ci se former au moyen de cette lentille convergente improvisée (fig. 67).

Un ballon de verre constitue un excellent microscope. Il suffit de le remplir d'une eau bien claire et très liquide, et de le fermer au moyen d'un bouchon. Un fil de fer enroulé autour de son col, et relevé de manière à ce que l'une de ses extrémités vienne aboutir vers son foyer, sert de support à l'objet que l'on veut considérer sous un grossissement de quelques diamètres. Si une mouche, par exemple, est fixée à l'extrémité de cette tige, on la voit très grossie, en la regardant à travers la boule de verre (fig. 68). Il suffit de considérer l'insecte à travers le ballon rempli d'eau, et l'on distingue les détails de son organisme grâce à cette loupe bien facile à construire. Ce petit appareil peut encore servir à augmenter l'intensité d'un foyer lumineux de faible puissance, tel qu'une bougie allumée. Il est souvent employé à cet effet par les ouvriers horlogers.

Si l'on expose une carafe pleine d'eau sur une table, aux rayons du soleil et que l'on place la tête d'une allumette chimique dans la portion la plus brillante de la *caustique* formée par les rayons réfractés, l'allumette ne tardera pas à s'enflammer. L'expérience m'a réussi même par le soleil d'octobre, à plus forte raison dans les temps chauds.

Je parcourais un jour les galeries du Conservatoire des arts et métiers à Paris, alors qu'elles sont ouvertes au public et que la foule y afflue; le nombre des visiteurs qui se pressaient dans le cabinet d'optique devant les curieux miroirs concaves et convexes, où les objets se déforment et prennent un aspect si singulier, était si considérable, que les gardiens devaient faire défiler méthodiquement les curieux. C'étaient des rires de joie de la part des enfants, des cris à n'en plus finir, quand ils apercevaient l'image de leur visage, allongée dans un des miroirs, ou aplatie dans un autre. Voilà, me disais-je, des observations d'optique bien simples, qui obtiennent un bien grand succès ; peu de personnes songent à les faire, et tout le monde a cependant le moyen de

Fig. 69. — Déformation des images dans une cafetière d'argent. Miroirs concaves et convexes.

les exécuter. Il suffit de se regarder dans une cuiller bien polie, ou mieux dans une cafetière d'argent. La partie bombée forme un excellent miroir convexe, et quand on en approche la main, on voit l'image de celle-ci s'agrandir et se déformer comme dans les beaux appareils du Conservatoire des arts et métiers (fig. 69).

Les phénomènes les plus remarquables, les plus brillants, ne sont pas toujours ceux qui exigent les appareils les plus compli-

qués. Quoi de plus joli qu'une bulle de savon, formée bien facilement à l'extrémité d'un fétu de paille (fig. 71).

« A l'origine, dit notre ami, M. A. Guillemin, auquel nous
empruntons les excellentes choses qu'il a écrites à ce sujet,
quand la sphère liquide n'a encore qu'un faible diamètre, la

Fig. 71. — Bulle de savon formée à l'extrémité d'un fétu de paille. Phénomène des anneaux colorés.
(Page 97.)

pellicule qui en limite les contours est incolore et transparente.
Peu à peu l'air qu'on insuffle à l'intérieur, pressant également de
toutes parts la surface concave, agrandit le diamètre aux dépens
de l'épaisseur; c'est alors qu'on voit apparaître, faibles d'abord,
puis plus vives, une série de couleurs naissant les unes à la suite
des autres, et formant par leur mélange une multitude de teintes
irisées, jusqu'au moment où la bulle, diminuant d'épaisseur,

n'offre plus une résistance suffisante à l'action du gaz qu'elle renferme. Des taches noires se montrent alors au sommet, et bientôt la bulle crève. Cette expérience si simple, cette récréation enfantine, qui offre tant d'attraits aux yeux de l'artiste amoureux des couleurs, n'est pas moins belle et moins intéressante aux yeux du savant. Newton en a fait l'objet de ses études et de ses méditations, et depuis ce grand homme, les couleurs de la bulle de savon tiennent une place légitime parmi les plus curieux phénomènes de l'optique ; on les étudie en physique sous la dénomination d'*anneaux colorés dans les lames minces.* »

ÉLECTRICITÉ ET MAGNÉTISME.

Il n'est pas jusqu'aux principes de l'électricité dont on ne puisse aborder l'étude avec des objets usuels.

Il suffit de frotter avec un morceau de drap un bâton de cire à cacheter, on le verra attirer aussitôt des petits morceaux de papier très légers dont il sera approché.

Rien n'est plus facile que de confectionner même un petit pendule pour montrer plus avantageusement ce phénomène de l'attraction électrique. Une tige de fer fixée sur un pied de bois forme une potence et soutient un fil de soie, à l'extrémité duquel on a attaché une petite balle découpée dans un bouchon. Le bâton de cire à cacheter, électrisé par le frottement, attirera aussitôt cette petite balle, comme l'indique la figure 72.

Une feuille de papier nous suffira pour produire l'étincelle. Je prends une feuille de papier à dessin assez solide et de grand format ; je la chauffe très fortement et je l'applique sur une table de bois. Je la frotte avec la main bien sèche, ou avec une étoffe de laine jusqu'à ce qu'elle adhère à la table. Cela fait, je pose un trousseau de clefs au milieu de la feuille de papier, je la soulève en la saisissant par deux angles. Si à ce moment quelqu'un vient à approcher son doigt du trousseau de clefs, il en tire une étincelle brillante. Le métal s'est emparé de l'électricité développée sur le papier ; si le temps est bien sec, et si le papier a été bien chauffé à plusieurs reprises, l'étincelle peut atteindre 2 centimètres de longueur.

Nous allons facilement compléter notre matériel d'appareils électriques. Il va être question de faire un électrophore, une bou-

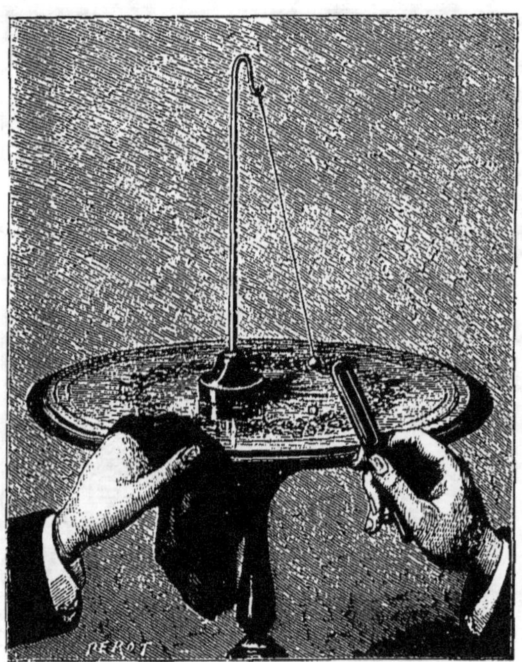

Fig. 72. — Bâton de cire à cacheter électrisé attirant une balle de liège. (Page 98.)

teille de Leyde, et d'obtenir des étincelles électriques dépassant 1 centimètre de longueur, produisant sur la main la sensation du picotement particulier qui les caractérise ; tout cela avec des objets usuels.

On prend un plateau à thé en fer-blanc laqué, de 30 à 40 centimètres de longueur ; on découpe une feuille de papier d'emballage, épais et solide, de telle façon qu'elle s'applique facilement sur la partie plane du plateau. On fixe, à l'aide de cire à cacheter, deux bandelettes de papier, à chaque extrémité de la feuille, de manière à pouvoir la soulever sans difficultés quand elle est posée à plat. Le plateau à thé est placé sur deux verres à boire qui lui servent de support. Voilà l'électrophore

Fig. 73. — Un électrophore confectionné au moyen d'un plateau à thé et d'une feuille de papier. (Page 100.)

confectionné. Voyons maintenant comment on arrive à le faire fonctionner.

On chauffe la feuille du papier d'emballage au-dessus d'un feu très ardent, d'un poêle ou d'un fourneau bien allumé; il faut chauffer longtemps, à plusieurs reprises, de telle façon que le papier soit bien sec, et que sa température soit aussi élevée que possible. Cela fait, on le pose rapidement, afin d'éviter son refroi-

dissement, sur une table de bois, et on le frotte très énergique-
ment à l'aide d'une brosse à habit assez dure et bien sèche. On
pose le papier sur le plateau ; on touche le plateau avec le doigt
et on soulève le papier par ses poignées. Si à ce moment une
personne approche le doigt du bord du plateau, elle fera jaillir

Fig. 74. — Une bouteille de Leyde faite avec un verre, du plomb de chasse et une cuiller. (Page 102.)

une étincelle visible (fig. 73). On peut remettre alors le papier sur
le plateau, en toucher le bord une seconde fois, et soulever à
nouveau le papier; une seconde étincelle jaillira, et ainsi de
suite, à sept ou huit reprises différentes.

Nous voilà pourvus d'une véritable machine électrique. Comment arriverons-nous à fabriquer une bouteille de Leyde ? Rien
de plus facile : nous prendrons un gobelet de verre que nous

remplirons de plomb de chasse; nous planterons au milieu de ce plomb de chasse une cuillère à café, et si tous ces objets sont bien secs, nous aurons une excellente bouteille de Leyde.

Pour la charger, nous ferons fonctionner notre électrophore comme nous l'avons indiqué précédemment. Pendant qu'un opérateur touchera le bord du plateau et soulèvera la feuille de papier, une autre personne tenant le gobelet de verre par le fond, l'approchera du plateau, de telle façon que la petite étincelle jaillisse à l'extrémité du manche de la cuillère. On chargera ainsi la bouteille de Leyde au moyen de plusieurs étincelles successives; on pourra alors en obtenir une petite décharge, soit en l'approchant du plateau, soit en la présentant devant la main (fig. 74).

M. Louis Figuier, dans ses *Merveilles de la Science*, raconte que Wollaston, ayant rencontré un soir dans une rue de Londres un de ses amis, tira de sa poche un dé à coudre en cuivre, et s'en servit pour construire une pile microscopique. Pour cela, il enleva le fond du dé, l'aplatit avec une pierre de manière à rapprocher les deux surfaces internes à deux lignes environ l'une de l'autre, ensuite il plaça entre les deux surfaces de cuivre une petite lame de zinc qui n'était en contact ni avec l'une ni avec l'autre des parois de cuivre, grâce à l'interposition d'un peu de cire à cacheter. Il plaça ce petit couple ainsi préparé dans un godet de verre, préalablement rempli avec le contenu d'une petite fiole pleine d'eau acidulée avec de l'acide sulfurique. Réunissant extérieurement la lame de zinc et son enveloppe de cuivre au moyen d'un fil de platine, il fit rougir aussitôt ce fil par l'électricité développée dans cette petite pile. Les dimensions de ce fil de platine étaient excessivement petites ; il avait seulement un trente-millième de pouce de diamètre et un trentième de pouce de longueur.

En raison de ses dimensions exiguës, ce fil de platine pouvait être non seulement rougi, mais fondu par cette petite batterie. Aussi l'ami de Wollaston, témoin de cette expérience, put-il allumer sur-le-champ de l'amadou à ce fil rougi.

Dans cette petite batterie de Wollaston, le cuivre enveloppait de toutes parts la lame de zinc, c'est-à-dire que l'élément négatif était bien supérieur en surface au métal positif.

Il n'est pas impossible, après l'électricité, d'aborder l'étude du magnétisme et de construire même une boussole. Nous en trouvons le moyen, en empruntant un passage curieux du *Magasin pittoresque*. Prenons un petit bouchon et passons au travers une aiguille à tricoter ordinaire (fig. 75) que nous aurons aimantée, en la plaçant N. S. et en la frottant doucement et toujours dans le même sens au moyen d'un de ces petits aimants en fer à cheval, de 65 centimes, dont s'amusent les enfants. Une fois l'aiguille E traversant le bouchon, vous implantez dans ce bouchon une aiguille à coudre, ou mieux une épingle dont la pointe posera dans l'un des trous couvrant la partie supérieure d'un dé à coudre. Pour faire tenir l'aiguille aimantée en équilibre, vous enfoncerez une allumette C dans le bouchon, de chaque côté, comme le montre la figure, et vous ferez adhérer à l'extrémité de chacune des allumettes une boulette de cire. Vous équilibrerez tout ensemble l'aiguille, les balles, l'épingle, de manière que tout tienne bien, ainsi que le dessin l'indique. Comme il est très important qu'avec un instrument aussi sensible l'agitation de l'air soit évitée, vous placerez votre dé au fond d'une terrine vulgaire de terre cuite BDT et vous le fermerez avec une vitre V. Pour graduer la boussole, à l'aide d'un compas, on décrit un cercle sur un papier un peu résistant. Sur ce cadran, on trace des divisions suffisamment rapprochées, seulement aux extrémités nord de l'aiguille, puis on fixe le papier au-dessous comme l'indique la figure 75. Ensuite, on colle avec une boulette de cire un bout d'allumette appointie N, vis-à-vis l'extrémité nord de l'aiguille dans l'intérieur de la cuvette. On a de la sorte une excellente boussole à bien peu de frais.

On peut encore aimanter une fine aiguille à coudre, et la graisser en la frottant avec un peu de suif. Dans ces conditions, elle devient capable de flotter à la surface de l'eau contenue dans un verre et s'oriente en tournant vers le pôle.

Nous n'avons pas cru devoir mieux terminer que sur cet exemple si simple de la construction d'une boussole notre essai d'enseignement élémentaire. Rien n'est plus utile que ce mode de constructions pratiques et d'observations de toutes sortes dans le monde matériel. Galilée découvrit les lois du pendule en considérant les balancements d'une lampe dans une église. Nous avons déjà dit que Newton dévoila le principe de l'attraction universelle en voyant tomber une pomme; Pascal fut conduit à étudier les

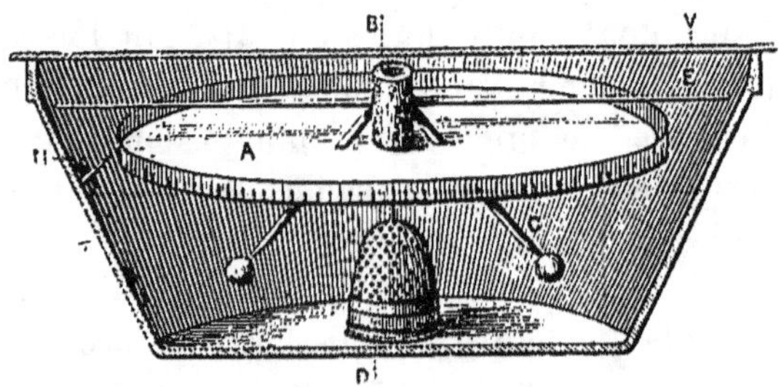

Fig. 75. — Une boussole économique. (Page 103.)

lois de l'acoustique en entendant résonner un plat de faïence que quelqu'un, pendant qu'on était à table, avait par mégarde frappé avec un couteau.

Nous pourrions multiplier les expériences de physique sans appareils, mais nous croyons en avoir donné d'assez nombreux exemples pour que nos lecteurs puissent s'exercer à en imaginer d'autres. Le chapitre suivant donne d'ailleurs l'énumération d'un grand nombre de phénomènes qui peuvent être étudiés sans le secours d'aucun instrument particulier.

CHAPITRE III

LA VISION ET LES ILLUSIONS D'OPTIQUE

L'œil est un instrument d'optique d'une grande délicatesse, et les phénomènes de la vision sont de ceux qui peuvent être considérés comme les plus compliqués. Nous insisterons spécialement dans ce chapitre sur des illusions curieuses qui peuvent être considérées comme le complément du chapitre que l'on vient de lire. L'observation de ces illusions, comme on va le voir, ne nécessite dans bien des cas aucun appareil. Citons-en de suite quelques exemples.

Nous ne jugeons jamais exactement les dimensions des fentes ou des trous étroits qui laissent échapper une vive lumière : ils nous paraissent toujours plus larges qu'ils ne sont réellement. Dans un gril de barreaux fins, et dont les vides sont exactement égaux aux pleins (grils en fils métalliques tels qu'on les emploie dans les expériences sur l'interférence), les vides paraissent toujours plus larges que les barreaux, si on tient le gril devant un fond éclairé. La figure 76 nous offre un carré blanc sur un fond noir et un carré noir sur un fond blanc. Bien que les deux carrés aient exactement les mêmes dimensions, le blanc paraît plus grand que le noir.

Si l'on tient un fil métallique mince entre l'œil et le disque solaire ou la lumière d'une forte lampe, on cesse de le voir : les deux surfaces éclairées situées de part et d'autre du fil dans le champ visuel débordent l'une et l'autre et se confondent. Pour des dessins formés de carrés blancs et noirs, comme ceux d'un

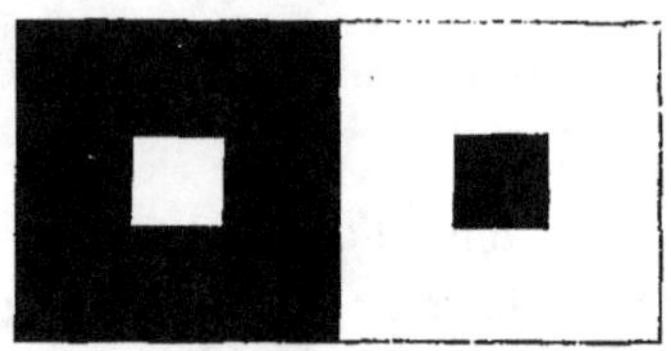

Fig. 76. — Le carré blanc paraît plus grand que le noir. (Page 105.)

damier (fig. 77), les angles des carrés blancs se joignent par irradiations et séparent les carrés noirs.

Si l'on tient l'arête d'une règle entre l'œil et la lumière d'une lampe bien éclairée ou celle du soleil, on voit, sur le bord de cette règle, à la partie correspondante à la lumière, une échancrure très nette et très appréciable

Fig. 77. — Les angles des carrés blancs paraissent se joindre. (Page 106.)

Quand un point de la rétine est impressionné par une lumière qui subit des variations périodiques et régulières, et que la durée de la période est suffisamment courte, il en résulte une impression continue, pareille à celle qui se produirait si la lumière émise pendant chaque période était distribuée d'une manière égale dans toute la durée de la période.

Pour vérifier l'exactitude de cette loi, on peut disposer des disques tels que celui représenté dans la figure 78 et que l'on

met en rotation au moyen d'une toupie que nous allons décrire
un peu plus loin. Le cercle interne est mi-partie blanc et noir,
le cercle moyen est blanc sur les deux quarts, c'est-à-dire encore
sur la moitié de sa périphérie ; enfin le cercle extérieur présente
quatre huitièmes blancs, le reste étant noir. Si l'on fait tourner
un semblable disque, il paraît uniformément gris sur toute sa
surface. Seulement il faut faire en sorte que le disque tourne
assez vite pour produire un effet complètement continu, même

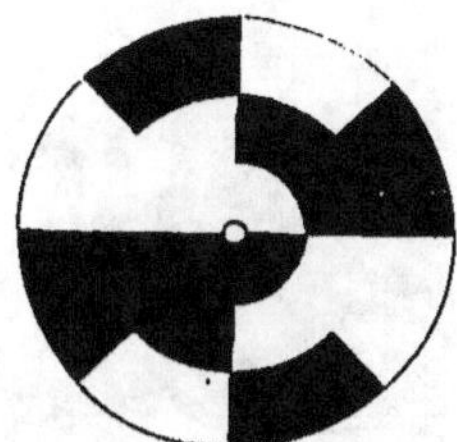

Fig. 78. — Disque paraissant uniformément gris par sa rotation. (Page 106.)

Fig. 79. — Disque avec une étoile peinte sur un fond d'une autre couleur. (Page 108.)

sur le cercle interne. On peut aussi distribuer le blanc sur
d'autres arcs de longueur arbitraire ; pourvu que, sur tous les
cercles du disque, la somme des angles occupés par le blanc soit
la même, ils donnent toujours tous le même gris. Au lieu de
noir et de blanc, on peut aussi prendre différentes couleurs et
l'on obtient la même couleur résultante sur tous les cercles,
quand la somme des angles occupés par chacune des couleurs
dans les différents cercles est la même.

Si, sur un disque, on peint une étoile colorée qui se détache sur un fond d'une autre couleur (fig. 79), pendant la rotation rapide de ce disque, le centre affecte la couleur de l'étoile, le pourtour prend celle du fond et les parties intermédiaires du disque présentent la série continue des couleurs résultantes des couleurs employées. Ces résultats sont d'accord avec la théorie du mélange des couleurs.

Les disques rotatifs dont on fait un grand usage dans les expériences d'optique physiologique ont été employés la première fois par Müsschenbroeck. Le plus simple est réalisé par la toupie.

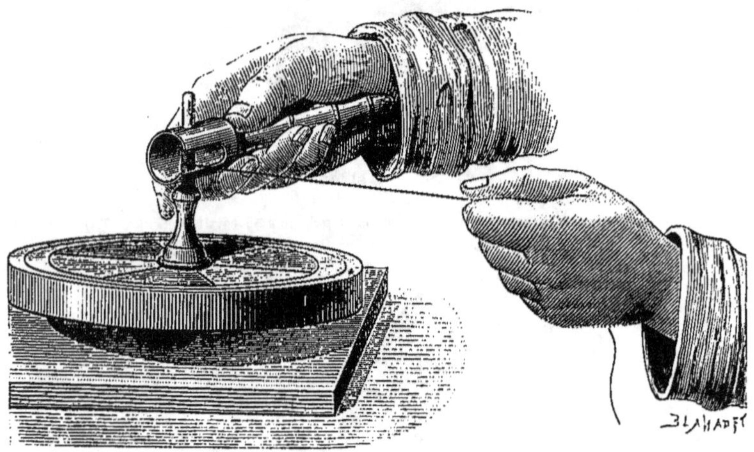

Fig. 80. — Manière de mettre en rotation la toupie portant les disques colorés. (Page 108.)

La disposition la plus pratique, représentée par la figure 80, consiste dans l'emploi d'un manche analogue à celui de la toupie d'Allemagne.

Une autre excellente construction, qui ne doit être employée que pour des rotations très rapides, est celle de la toupie chromatique de Busold (fig. 81). Le disque, d'un poids de cinq livres, est formé d'un alliage de zinc et de plomb et a 1 décimètre de diamètre. L'axe de laiton se termine en bas par une pointe mousse d'acier non trempé ; la partie cylindrique de l'axe est rugueuse, pour favoriser l'adhérence du fil. Lorsqu'on veut mettre la toupie

en mouvement après avoir enroulé la ficelle, on engage l'axe
dans les entailles d'un étrier de fer, on place une assiette au-
dessous et l'on tire fortement le fil avec la main droite, tandis
que la gauche s'appuie sur le levier. Lorsque la toupie est en
marche, on dégage l'assiette avec elle d'entre les bras du levier.
Ce levier, mobile autour d'un axe, peut se soulever par ce
moyen; en tirant fortement sur la ficelle, il est possible d'obtenir
une vitesse de soixante tours à la seconde, et le mouvement se
conserve pendant très longtemps.

Outre les toupies, on s'est servi de différentes sortes de disques

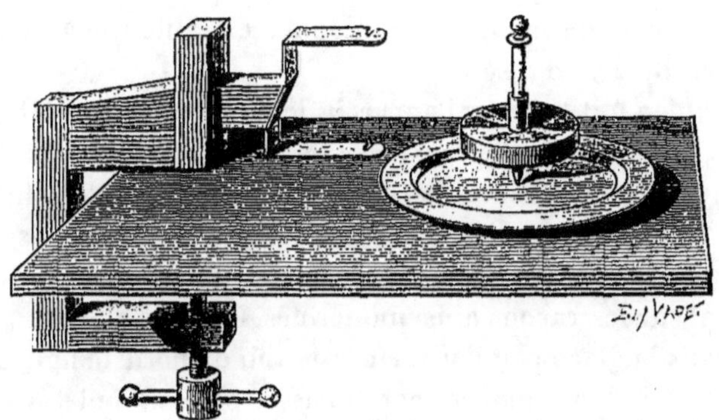

Fig. 81. — Toupie chromatique de Busolt. (Page 108.)

dont l'axe tourne entre deux colliers, et qui sont mus soit par un
mouvement d'horlogerie, soit par une corde sans fin, soit par le
déroulement d'une ficelle, comme les toupies. En général, ces
appareils présentent l'inconvénient de ne pas permettre de changer les disques sans arrêter et sans démonter en partie l'instrument. En revanche, on a l'avantage de pouvoir les faire tourner
dans un plan vertical, de manière à répéter commodément les
expériences devant un nombreux auditoire, ce qui est plus difficile
à réaliser avec les toupies. Montigny a obtenu le mélange des
couleurs au moyen d'un prisme tournant, dont il faisait mouvoir
le spectre sur un écran blanc.

Les disques straboscopiques sont des disques de carton de 25 à

30 centimètres de diamètre (fig. 82) sur lesquels sont disposées un certain nombre (8 à 12) de figures en cercles et à égale distance les unes des autres, et présentant les phases successives d'un mouvement périodique quelconque. On place le disque sur un autre cercle opaque, d'un diamètre un peu plus considérable, et qui présente sur son bord autant d'ouvertures que le premier disque porte de figures. On applique les deux surfaces l'une sur l'autre, et on les fixe par leurs centres au moyen d'un écrou à l'extrémité antérieure d'un petit axe en fer, dont l'autre extrémité est portée par un manche. Pour se servir de l'appareil, on se met en face d'une glace vers laquelle on tourne le disque avec les figures, et l'on place l'œil de manière à voir l'image des figures à travers un des trous du grand disque.

Dès qu'on fait tourner l'appareil, les figures qu'on voit dans la glace semblent exécuter sur place les mouvements dont elles représentent les différentes positions. Désignons par les chiffres 1, 2, 3... les ouvertures à travers lesquelles l'œil regarde successivement, et indiquons par les mêmes chiffres les figures qui se trouvent sur les rayons ainsi numérotés. L'observateur, en regardant dans la glace par l'ouverture 1, voit d'abord la figure 1 sur le rayon qui, dans la glace, paraît passer par son œil; aussitôt la rotation du disque déplace l'ouverture 1, le carton ne lui laisse rien voir jusqu'au moment où l'ouverture 2 se présente devant son œil; alors la figure 2 se trouve à la place où était la figure 1, puis tout disparaît de nouveau, jusqu'à ce que l'ouverture 3 vienne se présenter et que cette figure 3 apparaisse à l'endroit où se trouvaient précédemment les figures 1 et 2. Si ces figures étaient pareilles entre elles, l'observateur aurait une série d'impressions visuelles séparées, mais pareilles, qui, pour une rotation suffisamment rapide, se confondraient en une impression durable, telle que la donnerait un objet immobile. Si, au contraire, les figures diffèrent un peu entre elles, les sensations lumineuses se confondront aussi en un seul objet, mais qui paraîtra se modifier d'une manière continue conformément aux différences des images successives.

On obtient une nouvelle série de phénomènes quand les vitesses sont différentes. Dans cet ordre d'idées, l'un des appareils les plus simples est la toupie de J.-B. Dancer, de Manchester (fig. 83).

On voit que l'axe porte un second disque percé d'ouvertures de différentes formes et au bord duquel est attaché un fil. Ce second disque est entraîné par le frottement sur l'axe, mais sa rotation est moins rapide à cause de la grande résistance qu'oppose l'air

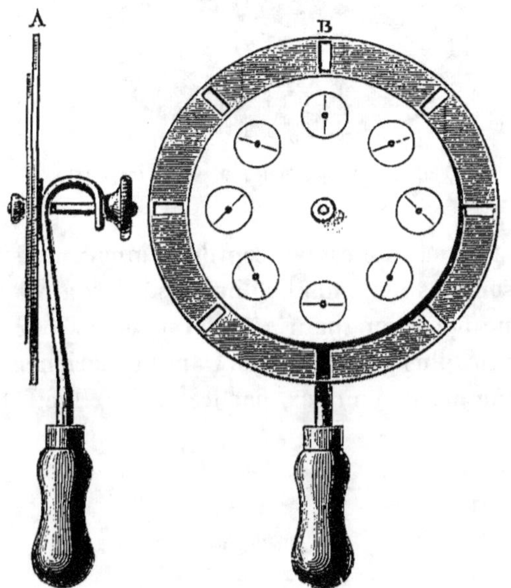

Fig. 82. — Disque straboscopique. (Page 110.)

au fil qui participe au mouvement. Si le disque inférieur porte plusieurs secteurs différemment colorés, on voit se multiplier les ouvertures du disque supérieur et il se produit, avec les différentes couleurs du disque inférieur, une figure très bariolée qui semble se mouvoir tantôt par sauts, tantôt d'un mouvement continu.

Nous continuerons nos observations en parlant d'illusions que l'on appelle celles de l'*estimation oculaire*.

Ainsi une dimension divisée paraît plus considérable que lorsqu'elle n'est pas divisée ; en effet, la perception directe des parties nous fait reconnaître le nombre et la grandeur des subdivi-

Fig. 83. — Toupie de M. J.-B. Dancer. (Page 111.)

sions dont la quantité est susceptible, mieux que lorsque ces parties ne sont pas nettement délimitées. C'est ainsi que dans la figure 84 on juge la longueur *ab* comme égale à *bc*, bien qu'*ab* soit, en réalité, plus grand que *bc*. Dans l'expérience qui consiste à diviser une ligne en deux parties égales, l'œil droit tend à

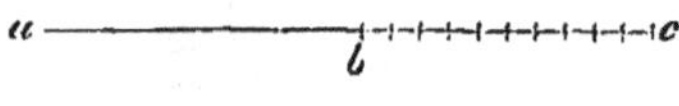

Fig. 84. — *ab* paraît égal à *bc*. (Page 112.)

agrandir la moitié de droite, et l'œil gauche tend à faire trop grande la moitié gauche. Pour arriver à une estimation exacte, on retourne la feuille et on prend la moyenne de deux déterminations.

Les illusions de cette espèce deviennent plus frappantes lorsque les distances à comparer possèdent des directions différentes. Si on regarde A et B (fig. 85), qui sont des carrés parfaits, A paraît plus haut que large, tandis que B paraît, au contraire, plus large.

Il en est de même pour les angles : qu'on regarde la figure 86, les angles 1, 2, 3, 4 sont droits et devraient paraître tels lorsqu'on les examine avec les deux yeux. Mais 1 et 2 semblent aigus, 3 et 4 obtus. L'illusion s'accentue encore, lorsqu'on regarde la figure avec l'œil droit.

Si on fait tourner la figure de sorte que 2 et 3 soient dirigés en

Fig. 85. — A et B sont des carrés parfaits. (Page 112.)

bas, 1 et 2 paraissent, au contraire et d'une façon exagérée, aigus pour l'œil gauche; ils sont dans leur dimension véritable pour l'œil droit. Les angles divisés sont toujours estimés relativement plus grands qu'ils ne paraîtraient sans division.

La même illusion se présente dans un grand nombre d'exemples connus de la vie journalière.

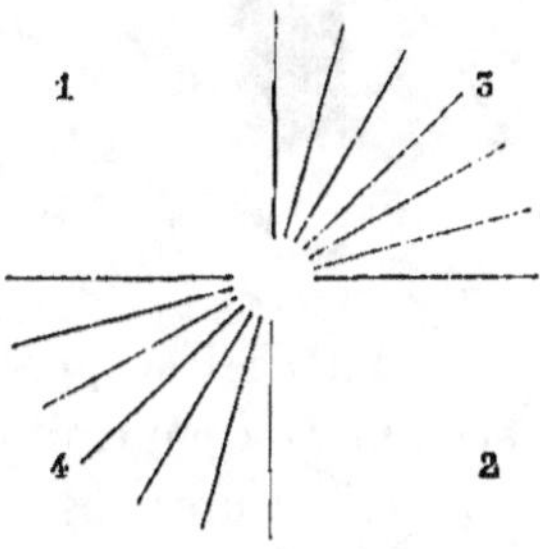

Fig. 86. — Les angles 1, 2, 3 et 4 sont égaux. (Page 113.)

Une chambre vide paraît plus petite qu'une chambre meublée; un mur recouvert d'une tenture paraît plus grand qu'un mur nu. Une jupe rayée en travers fait paraître une femme relativement plus grande.

Un amusement de société bien connu consiste à présenter un

chapeau à quelqu'un, en lui disant d'en marquer la hauteur sur
le mur, à partir du sol. En général on indique une hauteur une
fois et demie trop grande.

Citons un fait observé par Bravais : « Lorsqu'on est en mer,
dit-il, à certaine distance d'une côte qui présente de grandes iné-
galités de terrain, et qu'on dessine cette côte telle qu'elle se présente à l'œil, après vérification faite, on trouve que les dimensions
horizontales ayant été figurées correctement à une certaine
échelle, les distances angulaires verticales ont été uniformément
représentées à une échelle deux fois plus grande. Cette illusion,

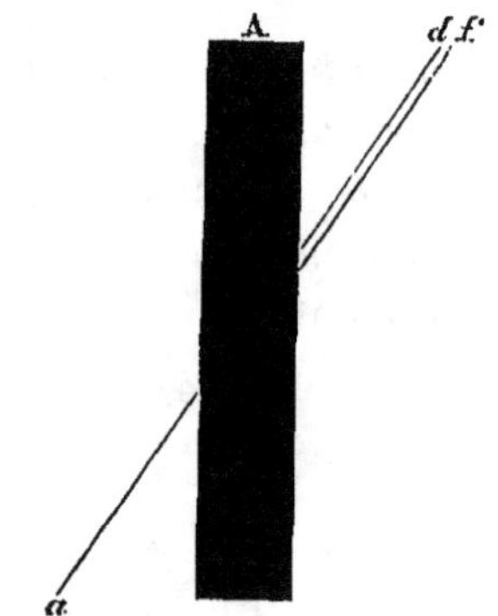

Fig. 87. — *d* est le prolongement de la ligne *a*. (Page 114.)

à laquelle on n'échappe pas dans les appréciations de ce genre,
n'est pas individuelle, comme on pourrait le croire ; sa généra-
lité est démontrée par de nombreuses observations. »

Dans le même ordre de faits, M. Helmholtz indique différentes
illusions d'optique qu'on a fait connaître dans ces derniers
temps.

Qu'on examine la figure 87, le prolongement de la ligne *a* ne
paraît pas être *d*, conformément à la réalité, mais *f*, qui est un
peu plus bas. — Cette illusion est encore plus frappante lorsqu'on
fait la figure à une échelle plus petite (fig. 88), comme en B, où
les deux portions minces sont sur le prolongement l'une de

l'autre, mais ne paraissent pas y être, et en C où elles le paraissent, mais ne le sont pas en réalité. Si l'on dessine des figures comme A (fig. 87), en laissant de côté la portion *d*, et qu'on les regarde à une distance de plus en plus grande, de manière qu'elles

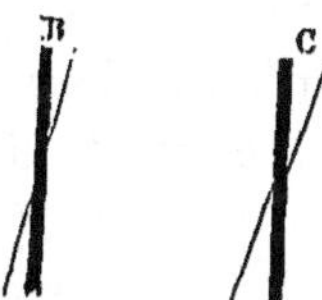

Fig. 88. — Les lignes minces sont sur le prolongement l'une de l'autre en *B*. (Page 114.)

présentent une grandeur apparente de plus en plus faible, on trouve que plus la figure est éloignée, plus il faut baisser la portion *f* pour qu'elle semble le prolongement de *a*.

Dans la figure 89, A et B présentent des exemples indiqués par

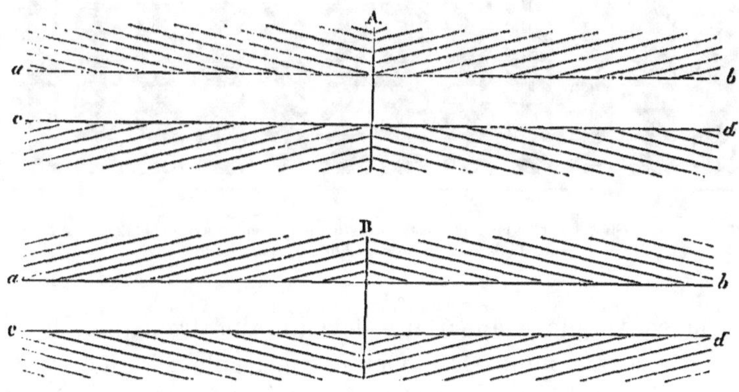

Fig. 89. — Les lignes horizontales *ab*, *cd*, sont rigoureusement parallèles ; elles paraissent se dévier sous l'influence des lignes obliques. (Page 115.)

Hering ; les lignes droites *ab* et *cd* sont parallèles, cependant elles paraissent déviées en dehors en A et en dedans en B.

Mais l'exemple le plus frappant est celui représenté par la figure 90 ; il a été publié par Zollner.

Les bandes noires verticales de la figure ci-dessous sont parallèles entre elles, mais elles paraissent convergentes et divergentes, de manière à sembler toujours s'écarter de la direction verticale, suivant une direction inverse de celle des obliques qui les coupent. En même temps, les moitiés des traits obliques sont déplacées respectivement, comme les moitiés de lignes minces de la figure 88. Si l'on tourne la figure de manière que les fortes lignes verticales présentent une inclinaison de 45° par rapport à l'hori-

Fig. 90. — Les bandes verticales sont parallèles; elles paraissent convergentes ou divergentes sous l'influence de lignes obliques. (Page 116.)

zon, la convergence apparente devient plus frappante, tandis qu'on remarque moins la déviation apparente des moitiés des petits traits, qui sont alors horizontaux et verticaux. En résumé, la direction des lignes verticales et horizontales est moins modifiée que celle des lignes qui traversent obliquement le champ visuel.

Les Romains connaissaient très bien l'influence des lignes obliques. On retrouve à Pompéi, dans les peintures murales, des lignes qui ne sont pas parallèles, afin de satisfaire l'œil influencé

par des lignes voisines. Les graveurs en taille douce ont également
étudié l'influence des hachures sur le parallélisme des lignes

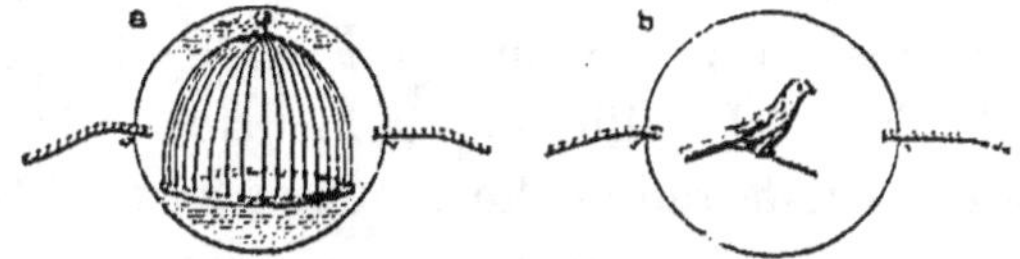

Fig. 91. — Disque du thaumatrope vu sur ses deux faces. (Page 118.)

droites, et ils tiennent souvent compte des effets qu'elles doivent
produire sur la gravure.

Dans quelques ornementations, où l'on n'a pas tenu compte de

Fig. 92. — Aspect du thaumatrope en rotation. (Page 118.)

cet effet physiologique, il arrive parfois que des lignes parallèles
ne paraissent plus l'être par l'influence d'autres lignes obliques,
et produisent alors un effet désagréable. On pourra remarquer

un effet semblable à la gare de Lyon à Paris, dans le comble de la halle couvert d'un parquet en point de Hongrie : les grandes lignes parallèles de ce plafond semblent se dévier sous l'action produite par une série de lignes obliques formées par des planches.

Nous passerons en revue une autre série d'expériences ou d'appareils basés sur les illusions de la vision et la persistance des impressions sur la rétine. Le thaumatrope, que nous avons déjà mentionné, est un des plus anciens jouets basés sur ce dernier principe. Il consiste en un disque de carton que l'on met en rotation avec les doigts, autour d'un axe formé par deux cordelettes. Sur une face du disque on a figuré une cage a, sur l'autre face un oiseau b (fig. 91). Quand on fait tourner le système, les deux dessins sont aperçus en même temps, on ne voit plus qu'une image : un oiseau dans sa cage (fig. 92). Inutile d'ajouter que les dessins peuvent être variés.

On connaît l'illusion produite par le disque tournant de M. Plateau. Cet appareil est connu sous le nom de phénakisticope. A travers des fentes étroites, sont aperçus successivement des dessins représentant les différentes positions d'une action quelconque. La persistance des impressions lumineuses sur la rétine, donne la sensation d'une image continue qui semble animée des mouvements mêmes dont les différentes phases ont été figurées fidèlement (fig. 93).

Le zootrope (fig. 94) est un perfectionnement de cet appareil, il se compose d'un cylindre de carton tournant autour d'un axe central ; le cylindre est percé de fentes verticales équidistantes, à travers lesquelles on peut voir les dessins qui se succèdent sur une bande de papier adaptée à l'intérieur de l'appareil en rotation. Ces dessins sont exécutés de telle sorte qu'ils figurent les différents temps d'un mouvement compris entre ses deux limites extrêmes ; par suite de la persistance des impressions sur la rétine, les phases successives se confondent, et l'observateur croit voir, sans transition, s'exécuter le mouvement tout entier. Nous représentons (fig. 95) quelques spécimens réduits de dessins destinés au zootrope. On voit successivement un singe

sautant une haie, un polichinelle dansant, un gendarme qui
poursuit un voleur, un personnage *qui tire le diable par la queue*,
un voleur qui sort d'un coffre, et qui y rentre successivement
sous l'action des efforts d'un gendarme, un chasseur qui tue un
oiseau. Les limites extrêmes du mouvement sont données par les
figures de droite et de gauche : les figures intermédiaires forment
les transitions, elles sont généralement égales au nombre de
fentes du zootrope. Il ne serait pas très difficile de construire
soi-même un semblable instrument; on pourrait faire des dessins
moins futiles que ceux qui sont reproduits ci-contre d'après
un modèle du commerce; on pourrait, par exemple, représenter le globe terrestre tournant dans l'espace, ou un piston
de corps de pompe animé de son mouvement de va-et-vient.
Le zootrope, ainsi compris, deviendrait un véritable appareil
d'étude.

Cet instrument est certainement l'un des plus curieux mécanismes de l'optique, et il excite toujours l'intérêt. Les ingénieux
appareils qui, pendant longtemps, ont permis de produire les
illusions auxquelles il donne naissance, consistent tous dans
l'emploi de fentes étroites. Ces fentes réduisent dans une grande
proportion la lumière et, par suite, l'éclat et la netteté du dessin;
elles obligent à imprimer au système une grande vitesse de
rotation, qui exagère outre mesure la rapidité des mouvements
représentés, mais sans laquelle les intermittences de la vision ne
pourraient se confondre en une sensation continue.

Nous présentons ici un appareil basé sur une disposition
optique toute différente.

Dans le *praxinoscope* [1] (nom donné par l'inventeur, M. Reynaud,
à ce nouvel appareil), la substitution d'un dessin au dessin suivant, se fait sans interruption dans la vision, sans solution de continuité et, par suite, sans réduction sensible de la lumière; en un
mot, l'œil voit *continûment* une image qui pourtant change devant lui incessamment.

---

[1] De πρᾶξις, action, et σκοπεῖν, montrer.

Voici de quelle manière ce résultat est obtenu : après avoir

Fig. 93. — Phénakisticope de Plateau. (Page 118.)

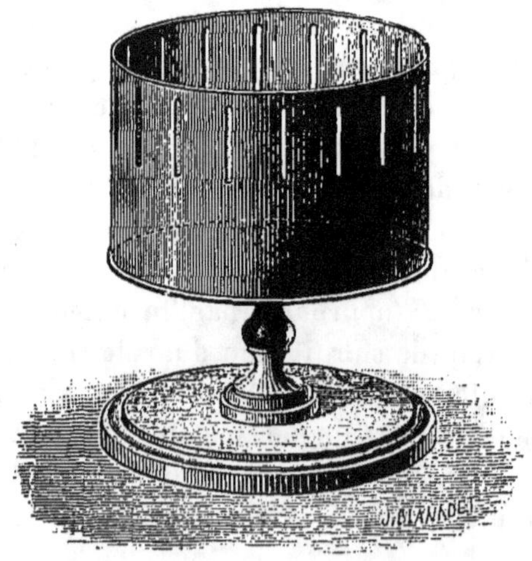

Fig. 94. — Zootrope. (Page 118.)

cherché sans succès, par des moyens mécaniques, à substituer l'un à l'autre les dessins successifs, sans interrompre la conti-

Fig. 95. — Spécimens de figures du zootrope. (Page 118.)

nuité de la vision, l'inventeur eut l'idée de produire cette
substitution, non plus sur les dessins eux-mêmes, mais sur leurs

images virtuelles. C'est alors qu'il combina la disposition dont nous allons ici résumer la théorie. Soit une glace plane A B (fig. 96) placée à une certaine distance d'un dessin C D. L'image virtuelle sera vue en C'D'.

Autour du point O, milieu de C' D', comme centre, faisons tourner la glace et le dessin d'un même mouvement. Soient B E et D F leur nouvelle position ; l'image sera en C" D". *Son axe O ne sera pas déplacé.*

Dans la position A B et C D primitivement occupée par la

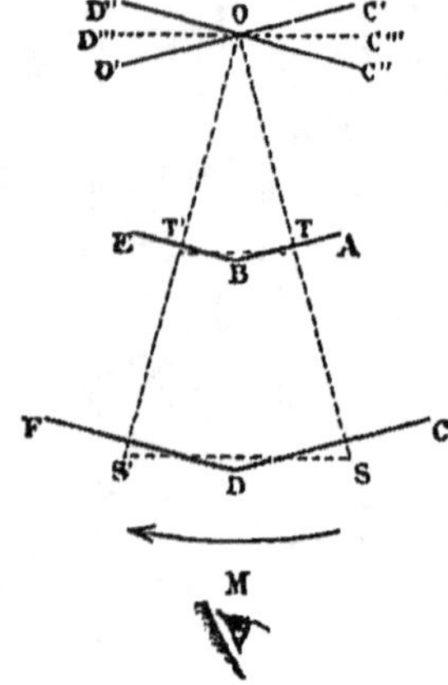

Fig. 96. — Figure explicative du praxinoscope. (Page 122.)

glace et par le dessin, plaçons une autre glace et un autre dessin. Imaginons l'œil placé en M. Une moitié du premier dessin sera vue en O D'. Si nous continuons la rotation du système nous aurons bientôt la glace n° 2 en T T' et le dessin n° 2 en S S'. A ce moment l'image du dessin n° 2 sera vu en entier en C''' D'''. Bientôt après la glace n° 2 et son dessin seront en B E et D F : imaginons alors une autre glace et son dessin correspondant en A B et C D, la même succession de phénomènes se reproduira.

Il résulte de ce qui précède, qu'une série de dessins placés sur le périmètre d'un polygone régulier et tournant autour du centre même de ce polygone seront vus successivement à ce centre, si l'on a placé des glaces planes sur un polygone concentrique, dont l'apothème sera moitié moindre, et qui sera entraîné par le même mouvement.

Dans sa forme pratique, l'appareil de M. Reynaud consiste en une boîte polygonale ou plus simplement circulaire (fig. 97) (car le polygone des dessins peut être remplacé par un cercle sans que le principe ni l'effet soient changés) au centre de laquelle est placé un prisme d'un diamètre exactement moitié moindre, et dont les faces sont garnies de miroirs plans (glaces étamées ordinaires). Une bande de carton, portant une série de dessins d'un même sujet dans les différentes phases d'une action, est placée à l'intérieur du rebord circulaire de la boîte et de telle sorte que chaque pose corresponde à une face du prisme de glaces. Une rotation modérée, imprimée à l'appareil qui est monté sur un pivot central, suffit à produire la substitution des images et l'illusion animée se produit au centre du prisme de glaces, avec un éclat, une netteté, une douceur de mouvements remarquables. Ainsi construit, le *praxinoscope* forme tout au moins un jouet d'optique récréatif et gracieux.

Le soir, une bougie placée sur un support *ad hoc*, au centre de l'appareil, suffit à l'éclairer très vivement, et permet à un grand nombre de personnes rassemblées en cercle autour de l'instrument, d'être, en même temps, et sans la moindre gêne, témoins des effets qu'il produit.

Outre l'attrait qu'offrent les scènes animées du *praxinoscope*, cet appareil pourra, sans aucun doute, recevoir d'utiles applications dans les études d'optique. Il permettra de substituer un objet, un dessin, une couleur, avec une rapidité instantanée, dans les recherches sur les images secondaires, subjectives, etc., sur le contraste des couleurs sur la persistance des impressions, etc. Il permettra de faire ce que l'on pourrait appeler la *synthèse des mouvements*, en plaçant devant le prisme une série de diagrammes obtenus d'après nature, par la photographie par exemple.

M. Reynaud a disposé déjà un appareil qui projette, dans les plus grandes dimensions, l'image animée du *praxinoscope* et qui se prête, par suite, à la démonstration de ses curieux effets, devant un nombreux auditoire.

L'ingénieux inventeur a récemment imaginé un perfectionnement très curieux de ce premier appareil; dans le *praxinoscope-théâtre*, il a réussi à produire de véritables tableaux avec décors

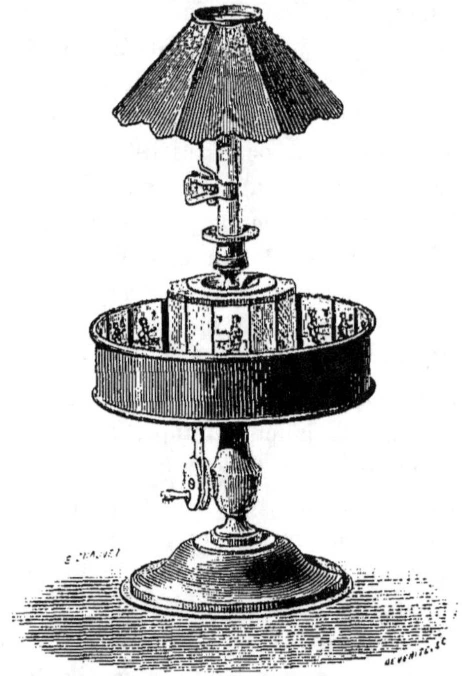

Fig. 97. — Praxinoscope de M. Reynaud. (Page 123.)

comme sur une petite scène lilliputienne, au milieu de laquelle le sujet animé se détache avec un relief saisissant (fig. 100, p. 129).

Pour parvenir à ce résultat, M. Reynaud commence par *silhouetter* entièrement en noir chacune des poses différentes dont l'ensemble doit former un sujet qui s'animera par la rotation imprimée au praxinoscope.

Puis, pour obtenir le *décor*, il projette sur le fond noir ainsi produit l'image d'un dessin colorié approprié, à l'aide d'une glace sans tain. On connaît la propriété d'un verre ou d'une glace transparente de donner par réflexion une image des objets situés en deçà et de laisser voir en même temps les objets situés au delà. On se rappelle les applications que cet effet

Fig. 98. — Toupie-fantoche. (Page 127.)

d'optique a reçues dans les théâtres et dans les cours de physique sous le nom de *spectres impalpables* dont nous parlerons plus loin.

C'est aussi par réflexion sur une mince glace non étamée que M. Reynaud obtient l'image du décor dans le *praxinoscope-théâtre*.

En réalité, le décor est placé dans le couvercle qui, retenu verticalement par un crochet, forme la paroi antérieure de l'appareil (fig. 100).

A cette paroi est aussi pratiquée une ouverture rectangulaire par laquelle le spectateur (regardant des deux yeux à la fois) aperçoit en même temps, et l'image animée du praxinoscope et l'image immobile du décor se réfléchissant sur la glace sans tain.

L'inclinaison de celle-ci et sa distance au décor sont telles que cette image est reportée en arrière du sujet animé, lequel, par suite, apparaît avec un relief *réel* sur le décor. La vision, se faisant des deux yeux, rend ce relief très sensible.

On comprend que, pour changer le décor, il suffit de placer successivement dans une coulisse, et sur une planchette *ad hoc*, les *chromos* représentant des paysages, des monuments, l'intérieur d'un cirque, etc. Il est alors facile de choisir un cadre convenable pour chacun des différents objets animés placés dans le praxinoscope.

Par cette heureuse et toute nouvelle combinaison optique, le mécanisme de l'appareil disparaît aux yeux pour ne laisser visible que l'effet produit de personnages animés, exécutant leurs mouvements, prenant leurs ébats au milieu d'un décor changeant à volonté.

Le praxinoscope-théâtre fonctionne aussi bien le soir que le jour. Le jour, il suffit de placer l'appareil devant une fenêtre bien éclairée ; le soir, on obtiendra les mêmes effets, avec plus d'éclat peut-être encore, en plaçant simplement sur le bougeoir du praxinoscope une bougie munie d'un petit réflecteur argenté et d'un abat-jour.

L'illusion produite par ce jouet scientifique est très complète et très curieuse ; on ne saurait trop féliciter M. Reynaud de si bien appliquer ses connaissances de la physique à la confection d'un instrument qui est tout à la fois un appareil d'optique et un charmant objet de divertissement.

M. Reynaud a simplifié récemment cet appareil en créant la

toupie-fantoche, ainsi désignée à cause d'une certaine analogie extérieure avec une toupie : cet appareil se compose de quatre petits miroirs triangulaires, dont les surfaces forment une pyramide à base carrée. Les côtés de cette base étant précisément doubles de la hauteur de la pyramide, les miroirs sont inclinés de 45 degrés (fig. 98).

A la pointe de la pyramide, qui est un peu tronquée, se placent successivement des disques de carton, où sont figurés divers sujets, dans quatre attitudes différentes sur chaque disque.

Une rotation modérée imprimée à l'ensemble autour d'un pivot central tenu à la main, amène devant les yeux les réflexions successives des quatre phases, qui se superposent au centre, et chaque sujet semble s'animer.

C'est une petite demoiselle qui saute à la corde (fig. 98), une danseuse qui s'élance sur la corde volante, un gymnaste qui évolue sur son trapèze, un cheval qui franchit une barrière, etc.

On le voit, ce petit jouet dérive du même principe que le *praxinoscope*, dont nous avons précédemment entretenu nos lecteurs.

Enfin nous avons vu vendre sur les boulevards un autre appareil zootropique très simple représenté par la figure 99. Il se compose de quatre panneaux de carton montés à angle droit, autour d'un axe creux. Ce carton à quatre pans peut s'enfiler autour d'une tige verticale, fixée sur un pied, où elle tourne très facilement quand on la fait glisser entre les doigts. Les quatre angles du cartonnage comprennent un dessin zootropique ; quand on les fait tourner, ils se confondent en un seul par suite de la persistance des impressions. Sur notre figure, c'est l'indomptable mulet Rigolo, qui rue, tandis que son cavalier le frappe de son bâton. — On conçoit qu'il est facile de varier les sujets représentés et que chacun peut imaginer des scènes.

De semblables petits jouets sont très intéressants ; ils sont même susceptibles, nous le répétons ici, de devenir des objets d'enseignement, pour faire comprendre le mouvement de certains organes mécaniques, l'action du piston d'un corps de pompe, par exemple, ou le mouvement de la terre dans l'espace.

Parmi les autres jouets basés sur la persistance des impressions sur la rétine, nous citerons la *toupie éblouissante* (fig. 101, p. 131). Ce petit appareil est si remarquable qu'il devrait, à

Fig. 99. — Le mulet Rigolo. (Page 127.)

notre avis, figurer dans tous les cabinets de physique ; c'est un ingénieux perfectionnement de la toupie à disques colorés d'Helmholtz. Il se compose d'une toupie métallique assez massive, que l'on met en rotation au moyen d'une cordelette enroulée dans la gorge pratiquée autour de la partie supérieure de son axe. Cet axe est creux et permet de recevoir une tige métallique adaptée à une poignée que l'on tient à la main. On pose la toupie

Fig. 100. — Le nouveau praxinoscope-théâtre de M. Reynaud. (Page 121.)

dans un petit godet de porcelaine, on la place en position verticale, au moyen de la tige autour de laquelle elle tourne, et que
l'on tient de la main droite ; on retire la tige métallique, et la
toupie tourne pendant un temps d'une durée assez considérable.
On y pose des disques évidés au centre, de couleurs différentes et

Fig. 101. — Toupie éblouissante; aspect qu'elle présente en rotation. (Page 128.)

de différents diamètres ; ces disques tournent avec la toupie,
mais leurs couleurs se confondent et produisent des effets très
variés. Les disques jaunes, bleus, rouges, successivement superposés pendant la rotation, donnent l'apparence de cercles concentriques verts, violets, oranges, d'un effet très remarquable. La
toupie peut en outre recevoir, dans l'orifice de son axe, de longues
tiges métalliques, analogues à des aiguilles à tricoter, dans les-

quelles on a piqué des cartons-minces découpés, semblables à ceux qui sont figurés à la gauche de notre figure 101. L'aiguille et le carton qui s'y trouve adapté participent au mouvement de rotation de la toupie, et alors le carton découpé, étant aperçu en même temps dans les positions successives qu'il occupe en tournant, offre l'aspect d'un vase (fig. 101), d'une sphère ou d'une coupe, suivant la forme du carton employé.

Les effets produits par la *toupie éblouissante* sont extrêmement variés. On peut encore faire tourner des disques de carton à des

Fig. 102.　　　　　Fig. 103.

Illusion d'optique de M. P. Thompson. Imprimez un mouvement circulaire à ces figures,
les cercles paraîtront tourner. (Page 133.)

niveaux différents et piquer dans l'axe central des cartons à deux faces, qui donnent les effets du thaumatrope.

L'énumération des illusions d'optique est si considérable que nous ne saurions avoir la prétention de les résumer toutes. Nous en citerons quelques autres exemples pour terminer ce chapitre.

On doit à M. Silvanus P. Thompson, professeur de physique à University College (Bristol), d'intéressantes études sur un curieux exemple d'illusion d'optique, illusion dont la cause vraie n'est pas encore connue, à ce qu'il semble, mais que l'on peut rapprocher de quelques autres faits signalés déjà depuis longtemps sans que l'explication précise en ait été donnée.

Voyons d'abord en quoi consiste, d'après la description qu'en a donnée M. C.-M. Gariel, l'effet découvert par M. S. P. Thompson, ou plutôt les effets, car il y en a deux réellement différents : les dessins ci-contre permettent d'ailleurs de vérifier la réalité de ce que nous avons à indiquer (fig. 102 à 104).

Le premier *cercle stroboscopique* (tel est le nom donné par l'inventeur) consiste en une série de cercles concentriques de 1 millimètre de largeur environ, séparés par des intervalles blancs

Fig. 104. — Autre figure de M. Thompson. Les cercles paraissent tourner, si on donne au dessin un léger mouvement de rotation. (Page 134.)

de même largeur (fig. 102) ; ces dimensions n'ont rien d'absolu ; elles varient avec la distance et peuvent même atteindre plusieurs centimètres s'il s'agit de montrer le phénomène à un auditoire un peu nombreux. Si, tenant ce dessin à la main, on vient à lui imprimer, par un léger déplacement du poignet, un mouvement circulaire dans son plan, le cercle paraît tourner autour de son centre, et cette rotation s'effectue dans le sens du mouvement réel et avec une égale vitesse angulaire, c'est-à-dire que le cercle paraît décrire un tour complet pendant que le carton en décrit réellement un et dans le même sens. Pour que l'effet soit très net, il convient de regarder le cercle pendant son mouvement en fixant le regard sur un point voisin.

Pour le second effet on trace un cercle noir à l'intérieur duquel sont figurées un certain nombre de dents régulièrement espacées (fig. 103). En opérant comme il a été dit plus haut, cette sorte de roue dentée paraît tourner autour de son centre, mais cette fois en sens contraire du mouvement réel. Là encore l'effet est plus satisfaisant si l'on ne regarde pas directement le dessin : aussi les mouvements sont-ils particulièrement frappants dans des combinaisons telles que celle représentée dans la figure 104, dans laquelle la multiplicité des cercles ne permet pas d'en fixer un spécialement.

Nous ajouterons que l'on obtient des résultats analogues avec des cercles excentriques ou même avec des courbes autres que des cercles. A l'aide d'une photographie sur verre, M. Thompson a pu projeter ces dessins sur un écran où ils étaient obtenus à une très grande échelle : un mouvement circulaire était communiqué à la plaque photographique, de telle sorte que le dessin se mouvait circulairement sur l'écran, et dans ce cas encore on avait l'illusion ; chaque cercle semblait tourner autour de son centre.

Quelle est l'explication de ces apparences curieuses? M. Thompson ne croit pas, et nous partageons cette opinion, que la propriété que possède la rétine de conserver les images pendant un certain temps (*persistance des impressions dans la rétine*) puisse expliquer complètement ces effets. Sans en vouloir donner une théorie entière, M. Thompson pense que l'on doit rapprocher ces phénomènes d'autres qui sont signalés, au moins en partie, depuis longtemps, et que peut-être il faudrait attribuer à l'œil une propriété nouvelle qui expliquerait le tout à la fois.

Brewster et Addams ont décrit des apparences qui sont également curieuses et dont nous rappellerons les principales en y joignant quelques observations analogues dues aussi à M. Thompson ; il semblerait en résulter qu'il existe dans l'œil un effet de nature mal définie, qui arriverait à faire *compensa-*

tion (Brewster) au phénomène réel parce qu'il serait de sens contraire, effet qui persisterait pendant un certain temps après la cessation du phénomène et qui, seul dès lors, donnerait une sensation inverse à celle que l'action réelle aurait dû produire absolument.

Ainsi, après avoir fixé les yeux pendant deux ou trois minutes sur l'eau qui tombe dans une cascade, si l'on vient brusquement à porter les regards sur des rochers situés dans le voisinage, ceux-ci paraissent se mouvoir de bas en haut. Il ne s'agit pas ici, bien entendu, de l'effet de mouvement relatif que l'on peut observer en regardant *simultanément* l'eau qui tombe et les rochers : si l'on parvient à s'abstraire suffisamment pour que l'eau paraisse immobile, les rochers paraissent prendre un mouvement égal et contraire. Dans l'effet que nous rapportons, il n'y a pas comparaison simultanée : on regarde *successivement* et *simultanément* l'eau d'abord et les rochers ensuite.

Dans un fleuve à cours rapide, le Rhin au-dessus de la chute de Schaffouse, par exemple, les eaux n'ont pas pourtant la même vitesse et le courant est notablement plus rapide dans la partie médiane que près du rivage. Si l'on regarde fixement la partie centrale, puis que brusquement on dirige les yeux vers les bords, il semblera que l'eau remonte vers la source.

Cette sorte de *compensation* ne semble pas seulement se produire pour un déplacement, mais également pour des changements de grandeur apparente. Lorsque dans un train marchant à grande vitesse on regarde la campagne qui fuit, les objets qui s'éloignent, et que l'on fixe, forment évidemment sur la rétine des images de plus en plus petites. Si, dans ces conditions, on reporte soudainement les yeux à l'intérieur du wagon sur des objets qui sont immobiles par rapport à l'observateur, soit les parois, soit même la figure des compagnons de voyage, les images rétiniennes conserveront réellement la même grandeur et, cependant, ces objets paraîtront croître et se rapprocher.

Tels sont quelques-uns des faits intéressants que l'on peut

rapprocher de ceux que M. S. P. Thompson a découverts et auxquels celui-ci serait porté à assigner une cause commune[1].

L'expérience que l'on peut exécuter à l'aide des dessins ci-contre se rattache aux principes de la persistance des impressions sur la rétine et à celui des couleurs complémentaires.

Regardez fixement avec les deux yeux le petit diable blanc (fig. 106) dessiné sur un fond noir, attachez plus spécialement votre regard sur le trait noir du milieu, jusqu'à ce que vous sentiez vos yeux un peu fatigués (cela dure une demi-minute), vous dirigerez alors le regard vers le plafond au-dessus de votre tête, et au bout de quelques secondes (15 à 20) la silhouette du diable apparaît très nettement en gris et cela à plusieurs reprises.

Cette petite expérience gagne à être faite avec une vive lumière. Nous avons souvent constaté qu'elle réussit très bien. Il

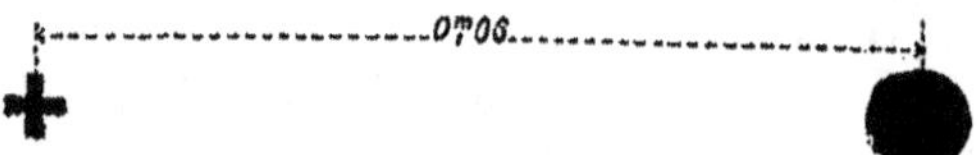

Fig. 105 destinée à l'expérience du *punctum cœcum* de l'œil.

y a là un phénomène basé sur le principe des couleurs complémentaires. Si l'on fixe un dessin *rouge* bien éclairé, la deuxième figure ci-contre, par exemple, on voit au plafond la silhouette du personnage se découper sur un fond de couleur *verte*.

Nous rappellerons encore à nos lecteurs la curieuse expérience d'optique relative au *punctum cœcum* de l'œil. La figure 105 ci-dessus va vous permettre de la réaliser facilement. Fermez votre œil gauche en y posant la main gauche ; prenez de la main droite le présent volume, et présentez, devant votre œil droit ouvert, la figure 105 tenue à l'extrémité du bras. Regardez de l'œil droit la petite croix noire seulement, et rapprochez peu à peu le dessin de votre visage : il arrivera un moment où votre œil cessera de

---

[1] Voy. *la Nature*, 1879, 2° semestre, p. 53. Notice de M. Gariel.

Regardez fixement cette figure pendant 40 à 50 secondes; dirigez ensuite votre regard vers u
point du plafond ou d'une surface blanche, au bout de quelques secondes vous verrez apparaitr
en gris l'image blanche de la figure.

Avec cette deuxieme figure, le fond rouge, après impression suffisamment prolongée de la rétine,
apparaitra de couleur verte.

Fig. 100. — Figures pour des expériences relatives aux couleurs complémentaires.

voir le rond noir. Rapprochez encore la figure, et les deux images, croix et rond, apparaîtront de nouveau. Il y a dans l'œil un point qui n'est pas sensible à l'action d'un rayon lumineux : c'est le *punctum cœcum*.

Percez une carte de visite, ou une carte à jouer d'un trou

Fig. 107. — Expérience donnant l'apparence de la main percée d'un trou. (Page 139.)

d'épingle ; en considérant un objet de très près (2 centimètres environ), caractères d'imprimerie par exemple, à travers ce trou, vous verrez qu'il agit à la façon d'une loupe et que l'objet considéré se trouve amplifié.

La figure 107 représente une autre expérience d'optique très curieuse et très facile à exécuter. Faites, au moyen d'une feuille de papier un peu consistante, un cylindre que vous tiendrez de

la main gauche et que vous appliquerez contre l'œil droit à la
façon d'une lunette. Laissez ouverts vos deux yeux. Si vous considérez un objet, éloigné de quelques mètres, tel qu'une petite
statuette, c'est votre œil gauche qui verra l'objet, et il vous semblera qu'il le voit à travers un trou percé dans la main, comme
l'indique la partie supérieure de la gravure (fig. 107).

Fig. 108. — Lunette brisée. (Page 140.)

Parmi les illusions d'optique les plus curieuses, il en est un
grand nombre que l'on peut produire à l'aide de miroirs. La lunette brisée en est un exemple. Cet appareil monté sur un pied
fermé permet de voir en apparence un objet à travers un pavé
ou un corps opaque, comme le représente la figure 108. La coupe
de la lunette en explique la disposition. L'observateur qui a l'œil
placé devant l'oculaire aperçoit nettement l'image de l'objet
exposé en regard de l'objectif ; cette image est réfléchie quatre
fois avant d'arriver à son œil, au moyen de petits miroirs dissi-

mulés dans l'instrument. Le pied de la lunette, que nous représentons ouvert sur la figure, est en réalité fermé de toutes parts et l'illusion est complète.

Les miroirs concaves ou convexes déforment singulièrement les images et produisent des effets très intéressants. Les *anamorphoses* constituent des dessins particuliers qui rentrent dans la classe des expériences relatives aux miroirs cylindriques. Ce sont des images faites suivant des règles déterminées, mais telle-

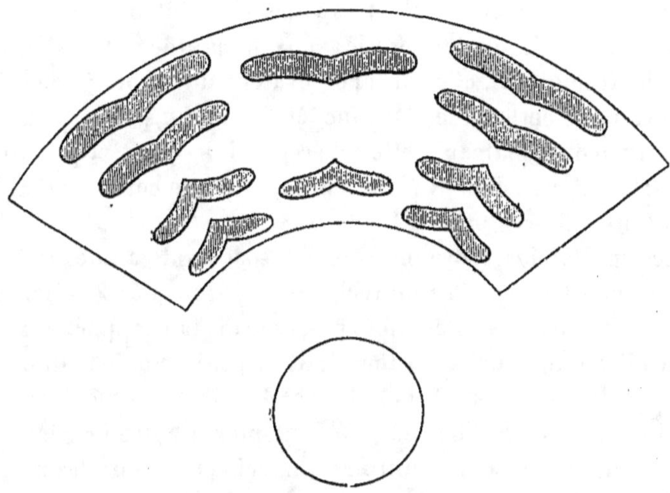

Fig. 109. — Dessin anamorphique d'une carte à jouer. (Page 141.)

ment déformées que l'on y distingue seulement, quand on les regarde directement, des traits confus. Quand on les voit par réflexion dans des miroirs courbes, elles présentent au contraire un dessin régulier. Nous donnons ci-dessus (fig. 109) un spécimen d'une figure semblable qui, vue dans un miroir cylindrique, donne l'aspect d'un dix de cœur; on peut employer des miroirs coniques qui donnent encore des effets particuliers et non moins intéressants. La figure 110 (page 144) montre une anamorphose faite pour un miroir cylindrique, on voit que l'image confuse du papier horizontal se réfléchit dans le miroir en donnant l'image d'un jongleur. Le petit jongleur si nettement réfléchi dans le miroir, est méconnaissable sur le dessin. Il est facile de confectionner soi-même de semblables images, qui offrent un excellent exercice et un charmant objet de récréation.

Une des plus remarquables applications des miroirs à la physique amusante est sans contredit celle qui en a été faite dans la curieuse expérience du *décapité parlant*.

Il y a quelques années, le *décapité parlant* a obtenu à Paris et dans un grand nombre d'autres villes un véritable succès de curiosité. Les visiteurs jetaient les yeux dans une petite salle où ils ne pénétraient pas, et où ils apercevaient une table à trois pieds; au-dessus de cette table était une tête humaine, posée sur un drap au milieu d'un plateau. Cette tête remuait les yeux et parlait, elle appartenait assurément à un homme, dont le corps était absolument dissimulé (fig. 111).

Les spectateurs croyaient voir un espace vide au-dessous de la table, mais le corps de l'individu qui s'y trouvait assis était dissimulé par deux glaces étamées posées à 45° par rapport aux murs de droite et de gauche. Le tout était disposé de telle manière que l'image de ces murs coïncidait avec la partie visible du mur du fond de la salle. Si l'on eût jeté une pierre entre les pieds de la table, on eût cassé les miroirs qui réfléchissaient les murs de droite et de gauche. Un mauvais plaisant se servit un jour de ce procédé. Pour que l'illusion soit bien complète, les trois murs doivent être badigeonnés d'une couleur homogène afin qu'ils soient bien semblables entre eux.

Les *spectres* imaginés sur le théâtre par le physicien Robin ont attiré aussi très vivement jadis l'attention publique. Il s'agissait ici d'images formées par l'intermédiaire de glaces transparentes comme celles dont sont munies les devantures des magasins dans les grandes villes. Les glaces non étamées et les carreaux reproduisent très fréquemment le phénomène des spectres. Le soir, quand il fait sombre au dehors, il est facile de constater que l'image des objets placés dans une pièce éclairée se reproduit

Le diable au plafond.

derrière les vitres des fenêtres à la faveur de l'obscurité du dehors. Si l'on s'approche de la vitre, on voit cependant aussi les objets réels du dehors, une balustrade de balcon, un arbre, etc. Ces objets réels peuvent ainsi se confondre avec l'image réfléchie d'un autre objet, et être combinés de manière à produire des effets curieux. C'est ce que M. Robin avait fait pour les effets de théâtre. Il projetait sur la scène l'image d'un personnage habillé en zouave, et lui-même, armé d'un sabre, traversait le corps de ce *spectre* : un grand nombre d'autres effets singuliers étaient obtenus de la même façon, et pendant quelques années les théâtres ont exploité sous un grand nombre de formes ces curieuses illusions d'optique.

Voici comment l'opérateur obtenait cet effet :

Sous le plancher du théâtre, une lampe électrique, ou mieux une lampe éclairée par la lumière de Drummond, lançait des rayons sur le personnage vivant qui jouait le rôle de spectre, diable ou fantôme. Sur la partie antérieure de la véritable scène, en avant même des rideaux qui encadraient le décor, se trouvait fixée une glace sans tain, de belle qualité, bien transparente, qui séparait les spectateurs du personnage en scène. Cette glace était inclinée à 45 degrés par rapport au plan du théâtre.

Les rayons projetés sur le personnage vivant, sous la scène, se réfléchissaient sur cette glace, et l'image de ce personnage ainsi dissimulé se produisait en scène à côté de l'acteur, comme l'image d'un voyageur dans un wagon se produit sur la voie du chemin de fer par l'effet de la glace de la fenêtre.

La salle du théâtre pendant l'apparition était dans un demi-jour, et le spectre, bien éclairé sur la scène, se découpait sur un fond noir. Si, comme on peut en juger, la théorie de cette expérience est très simple, on doit reconnaître que l'exécution offre d'assez grandes difficultés, surtout pour le personnage qui joue le spectre. Il faut, en effet, qu'il se tienne renversé à 45 degrés pour que son image paraisse debout sur la scène, et comme il ne peut pas marcher facilement dans cette position si penchée, il produit un fantôme qui n'est jamais complètement droit; il faut en outre qu'il combine avec une grande justesse ses mouvements pour les faire concorder avec ceux de l'acteur, qui n'opère qu'à tâtons derrière la glace. Toutes ces conditions sont difficiles à bien réaliser, et on a depuis longtemps renoncé aux *spectres* dans les théâtres.

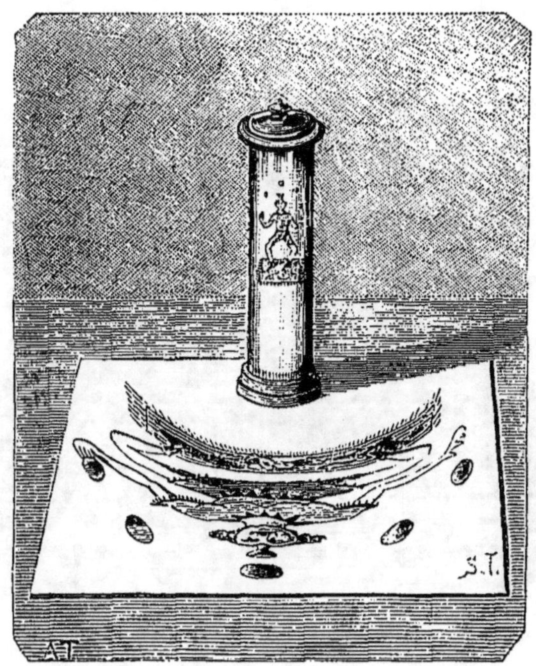

Fig. 110. — Miroir cylindrique et anamorphoses. (Page 141.)

Dans ces derniers temps on a toutefois utilisé les images formées d'une manière analogue pour faciliter l'étude du dessin au moyen d'un petit appareil très ingénieux.

Un carreau de verre est fixé verticalement sur une planchette de couleur noire (fig. 112). Un dessin à copier est posé à côté de ce carreau ; si l'on se place de telle façon que le rayon visuel passe obliquement à travers le carreau, on aperçoit très nettement

Fig. 111. — Le décapité parlant. (Page 142.)

l'image du dessin de l'autre côté du modèle. Il est alors facile de le reproduire sur un papier blanc avec un crayon ; on n'a qu'à suivre les traits de l'image.

A défaut du petit appareil que nous figurons, il est facile d'en construire un soi-même à l'aide d'un verre à vitre. Il suffit même de tenir le verre vertical en le serrant sur son bord entre les feuillets d'un gros livre placé debout. Les images produites offrent l'inconvénient d'être *retournées*, ce qui ne permet pas de retracer sans inconvénients tous les genres de modèles.

Parmi les expériences d'optique faciles à exécuter nous citerons celles qui se rattachent aux curieux phénomènes du mirage. Il suffit de chauffer une plaque de fonte horizontale au-dessus d'un fourneau allumé, et de regarder à distance un objet éloigné en le considérant à travers la colonne d'air chaud qui s'élève au-dessus de la plaque de fonte ; on verra cet objet se déformer ou son image apparaître en un point de l'espace différent de celui où il se trouve réellement. Ces effets sont dus à la différence de densité des couches d'air à travers lesquelles passe le rayon visuel ; ils reproduisent ceux qui trompent le voyageur quand il parcourt les déserts ou les régions de sable, alors que le soleil est ardent.

Après les illusions de la vision nous dirons un mot des illusions du tact. Nous citerons l'expérience que représente la figure ci-contre (fig. 113), et que presque tout le monde connaît depuis l'époque du collège. On place le médium de la main par dessus l'index et on touche avec les deux doigts, ayant pris la position indiquée par notre gravure, une bille ou une boulette de mie de pain. Dès que le contact est établi, on éprouve la sensation que donnerait le toucher de deux billes ou de deux boulettes isolées. Nous le répétons, cette illusion du tact est très connue ; mais son explication l'est beaucoup moins.

Dans la position normale des doigts, une même boule ne peut toucher en même temps les côtés extérieurs des deux doigts voisins.

Quand on croise les doigts, les conditions normales sont excep-

tionnellement changées, mais l'interprétation instinctive reste
la même, à moins que la fréquente répétition de l'expérience n'ait
complété sur ce point l'éducation première. Il suffit, en effet, de
répéter l'expérience un grand nombre de fois pour que l'illusion
devienne de moins en moins appréciable.

Fig. 112. — Appareil pour dessiner au moyen de l'image du modèle. (Page 144.)

Il est facile de se rendre compte que dans le domaine du toucher, le jugement porté instinctivement se trouve en défaut
quand les conditions normales sont modifiées. C'est ainsi que
lorsque l'on a aux lèvres un petit gonflement accidentel (bouton,
tumeur, etc.), le verre dans lequel on boit paraît avoir les bords
déformés.

Les faits de cette nature sont très intéressants à étudier au
point de vue philosophique. Ils démontrent que le jugement que

nous portons sur les réalités matérielles extérieures, est basé sur l'interprétation de nos impressions sensibles.

L'impression des sens est une chose toute physique et nulle-

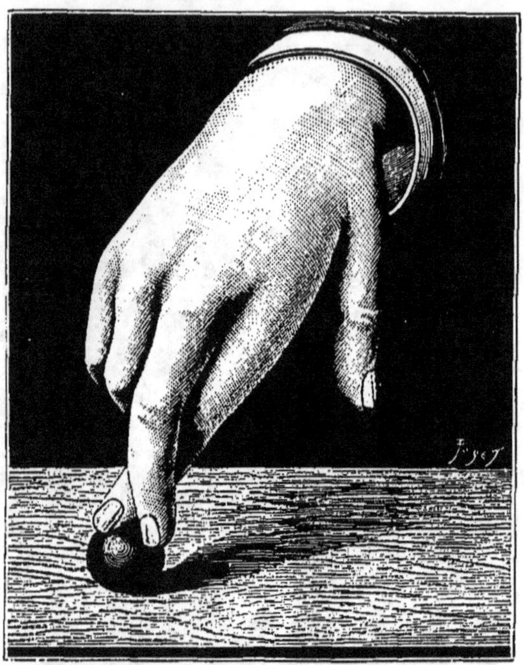

Fig. 113. — Figure montrant la position qu'il faut donner au médium et à l'index pour éprouver la sensation de deux billes en n'en touchant qu'une seule. (Page 147.)

ment psychologique. L'interprétation est affaire d'habitude et d'éducation.

Après avoir passé en revue un certain nombre d'illusions qui nous ont donné l'occasion d'entreprendre de nombreuses expériences, nous allons aborder un genre de récréations un peu plus sérieux, pour lequel nous aurons à demander de la part du lecteur une application soutenue.

CHAPITRE IV

L'ANALYSE DES HASARDS ET LES JEUX MATHÉMATIQUES

———

Nous allons appeler l'attention de nos lecteurs sur des tentatives autrefois fameuses que notre génération a délaissées. Nous voulons parler de l'*analyse des hasards*, science encore connue sous le nom de *calcul des probabilités* et qui, jadis cultivée avec ardeur, est aujourd'hui presque tombée dans l'oubli.

Fondée par le caprice d'un bel esprit, le chevalier de Méré, qui proposait à Pascal, en 1734, deux difficultés de jeu, l'analyse des hasards a nécessité des études d'un genre entièrement nouveau. Il s'agissait d'y mesurer le degré mathématique de croyance dont pouvaient être dignes de simples conjectures.

Nous ne parlerons pas des nombreuses discussions auxquelles a donné lieu cette étude spéciale, nous ne dirons rien des principes de Laplace, mais nous citerons quelques faits intéressants.

Jacques Bernouilli a établi ainsi qu'il suit la conséquence de ses méditations sur le calcul des probabilités :

Une urne contenant des boules blanches et noires est mise devant le spectateur, qui tire une boule, constate la couleur et la remet dans l'urne. Après une série d'épreuves assez longues, le nombre total des boules extraites, divisé par le nombre total des boules, représente une fraction très approchée de celle qui a pour numérateur le nombre réel des boules blanches existant dans l'urne, et pour dénominateur le nombre total des boules. En d'autres termes, les deux rapports du nombre soit des boules blanches extraites, soit des boules blanches réellement existantes au nombre total des boules, tendent de plus en plus à se confondre ; ou bien encore, la probabilité tirée de cette expérience approche indéfiniment de la certitude. Les deux fractions peuvent différer entre elles aussi peu qu'on voudra, si l'on prolonge suffisamment les épreuves.

On tire de ce théorème plusieurs conséquences :

1° Les rapports des effets de la nature sont à peu près constants quand ces effets sont considérés en grand nombre ;

2° Dans une série d'événements, indéfiniment prolongée, l'action des causes régulières et constantes l'emporte à la longue sur celle des causes irrégulières.

Les combinaisons que les jeux présentent ont été l'objet des premières recherches sur les probabilités.

Nous compléterons ces indications par deux exemples.

1° Deux joueurs A et B, dont l'adresse est égale, jouent ensemble avec la condition que celui qui le premier aura vaincu l'autre un nombre donné de fois gagnera la partie, et emportera la somme des mises au jeu ; après quelques coups, les joueurs conviennent de se retirer sans avoir terminé la partie ; on demande de quelle manière cette somme doit être partagée entre eux. C'est l'un des problèmes posés à Pascal par le chevalier de Méré.

Les parts doivent être proportionnelles aux probabilités respectives de gagner la partie. Ces probabilités dépendent des nombres de points qui manquent à chaque joueur pour atteindre le nombre donné.

On détermine les probabilités de A, en partant des plus petits nombres, et en observant que la probabilité est égale à l'unité, lorsqu'il ne manque aucun point au joueur A. En supposant ainsi qu'il ne manque aucun point au joueur A, on trouve que sa probabilité est 1/2, 3, 4, 78, etc., suivant qu'il manque à B un point, ou deux, ou trois.

On supposera ensuite qu'il manque deux points au joueur A, et l'on trouvera sa probabilité égale à 1/4, 1/2, 11/16, etc., suivant qu'il manque à B un point, ou deux, ou trois, etc.

On supposera encore qu'il manque trois points au joueur A, et ainsi de suite.

Notons, en passant, que cette solution a été modifiée par Daniel

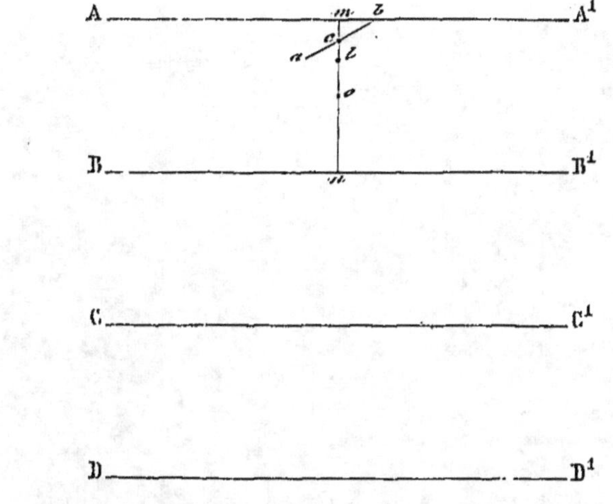

Fig. 114. — Disposition du tracé destiné à servir au jeu de l'aiguille, relative au calcul des probabilités. (Page 151.)

Bernouilli par la considération de la fortune respective des joueurs, d'où il a déduit la notion de l'espérance morale. Cette solution fameuse dans l'histoire de la science porte le nom de *problème de Pétersbourg*, parce qu'elle fut publiée pour la première fois dans les *Mémoires de l'Académie de Russie*.

Nous arrivons au *jeu de l'aiguille*. Il s'agit d'une véritable récréation mathématique, dont le résultat, indiqué par la théorie, est bien fait pour produire l'étonnement.

Le jeu de l'aiguille est une application des divers principes que nous avons posés sur les probabilités.

Fig. 115. — Le jeu de l'aiguille. (Page 152.)

Si l'on trace sur une feuille de papier une série de lignes AA[1], BB[1], CC[1], DD[1] parallèles équidistantes, et que l'on projette au hasard sur cette feuille de papier une aiguille *ab* entièrement cylindrique dont la longueur sera égale à la moitié de la distance des parallèles (fig. 114, page 152 et 115, page 153), on constatera ce résultat curieux.

Si l'expérience est prolongée assez longtemps, pour fixer les idées, si l'on projette cent fois l'aiguille au hasard, il arrivera que dans ces cent épreuves l'aiguille rencontrera une quelconque des parallèles un certain nombre de fois. En divisant le nombre des épreuves par le nombre des rencontres, on obtiendra comme quotient un nombre qui se rapprochera d'autant plus de la valeur du rapport de la circonférence au diamètre, qu'on aura multiplié davantage les épreuves.

Ce rapport, suivant les principes de la géométrie, est un nombre fixe dont la valeur numérique est : 3,1415926.

Après cent épreuves, on trouve généralement la valeur exacte jusqu'aux deux premiers chiffres : 3,1.

Comment expliquer cette conséquence inattendue?

L'application du calcul des probabilités en donne la raison. Le rapport indiqué des rencontres au nombre des épreuves est la probabilité de cette rencontre. Le calcul cherche à évaluer cette probabilité en faisant l'énumération des cas possibles et des événements favorables.

L'énumération des cas possibles exige l'application du principe des probabilités composées. On voit facilement qu'il suffit de considérer les chances qu'a l'aiguille de tomber entre deux parallèles déterminées AA[1] et BB[1] (fig. 114), ensuite qu'il suffit même de considérer ce qui se passe dans l'intervalle *mn* égal à l'équidistance. Pour une rencontre, il faut donc :

1° Que le milieu de l'aiguille tombe entre *m* et *l* milieu de *mo;*

2° Que l'angle de l'aiguille avec *mo* soit plus petit que l'angle *mcb*.

L'évaluation de chacune de ces probabilités et leur combinaison par multiplication, suivant le principe des probabilités composées, donnent finalement pour expression de la probabilité le nombre π.

Cet exemple curieux justifie le théorème de Bernouilli relatif à la multiplication des événements : il n'y a pas de limite à l'approximation du résultat lorsqu'on prolonge assez loin l'épreuve.

Lorsque la longueur de l'aiguille n'est pas exactement la moitié de la distance des parallèles (elle peut être quelconque,

Fig. 116. — Le *taquin*, jeu mathématique. (Page 158.)

pourvu qu'elle reste inférieure à cette distance), la règle pratique du jeu est la suivante :

Il faut multiplier le rapport du nombre des projections au nombre des rencontres par le double du rapport de la longueur de l'aiguille à l'intervalle des parallèles. Dans le cas particulier cité plus haut, le double du dernier rapport a pour valeur l'unité. Nous donnerons une application numérique citée par les auteurs.

Avec une aiguille de 50 millimètres de longueur projetée 10 000 fois, en une série de parallèles dont la distance était de $63^{mm},6$, on a trouvé un nombre de rencontres égal à 5 009.

On prend le rapport $\frac{1000}{5000}$, on le multiplie par le rapport $\frac{1000}{636}$ et le produit est : 3,1421.

La vraie valeur est : 3,1415.

On a une approximation de $\frac{6}{10000}$.

Les dimensions indiquées dans cette expérience sont celles qui présentent, pour un nombre déterminé d'épreuves, le plus de chances d'obtenir la plus grande approximation possible.

Fig. 117. — Dés du *taquin* placés au hasard. le n° 16 étant enlevé. (Page 158.)

Nous terminerons ces considérations sur les jeux par quelques réflexions empruntées à Laplace.

« L'esprit a ses illusions, comme le sens de la vue ; et de même que le toucher corrige celles-ci, la réflexion et le calcul corrigent les premières. La probabilité fondée sur une expérience journalière, ou exagérée par la crainte et par l'espérance, nous frappe plus qu'une probabilité supérieure, mais qui n'est qu'un simple résultat de calcul...

« Dans une longue série d'événements du même genre, les seules chances du hasard doivent quelquefois offrir ces veines singulières du bonheur ou de malheur, que la plupart des joueurs ne manquent pas d'attribuer à une sorte de fatalité. Il arrive souvent, dans les jeux qui dépendent à la fois du hasard et de l'habileté des joueurs, que celui qui perd, troublé par sa perte, cherche à le réparer par des coups hasardeux qu'il éviterait dans une autre situation ; il aggrave ainsi son propre malheur et il en prolonge la durée. C'est cependant alors que la prudence devient nécessaire et qu'il importe de se convaincre que le désavantage moral, attaché aux chances défavorables, s'accroît par le malheur même [1]. »

Les jeux mathématiques, autrefois très recherchés, ont fait récemment une nouvelle apparition, sous forme d'un petit appareil connu sous le nom de *taquin*.

Ce jeu, qui nous vient d'Amérique, où il est appelé *puzzle*, consiste en une boîte quadrangulaire dans laquelle sont placés seize petits dés mobiles en bois, numérotés de 1 à 16 (fig. 116). Voici en quoi consiste le jeu du *taquin*. On retire le dé de bois n° 16, et on place les autres dés au hasard dans la boîte, comme le représente la figure 117 par exemple. Il s'agit alors de déplacer les dés, en les faisant glisser d'une place à une autre, de manière à ce qu'ils soient rangés dans leur ordre naturel de 1 à 15. Il faudra par exemple, si le hasard a placé les dés comme dans la figure 117, faire en sorte de ramener les dés dans la position qu'ils occupent figure 116 ; on doit y arriver en se bornant à faire marcher les dés, sans les soulever du fond de la boîte.

Les complications de ce jeu, en apparence très simple, sont étonnantes, et donnent lieu à une infinité de combinaisons souvent intéressantes.

Quand on ajoute le seizième dé, on peut varier le jeu, et chercher la solution du problème, qui consiste à aligner les numéros de telle sorte que la somme des rangées horizontales, verticales ou diagonales donne 34. Considéré sous cette forme, ce problème est un des plus anciens que l'on puisse mentionner. Il remonte au temps des premiers Égyptiens. On s'en est préoccupé très fré-

---

[1] Voy. *La Nature*. Notice de M. Ch. Bontemps.

quemment pendant le cours des siècles derniers, et il rentre dans
la série des fameux *carrés magiques*, dont nous allons répéter les
principes bien connus des mathématiciens.

Voici la définition qu'a donnée à ce sujet Ozanam, de l'Académie des sciences de Paris, à la fin du dix-septième siècle.

On appelle *carré magique* un carré divisé en plusieurs autres
petits carrés égaux ou cases, remplis de termes d'une progression,
qui y sont déposés de telle sorte que tous ceux d'un même rang,

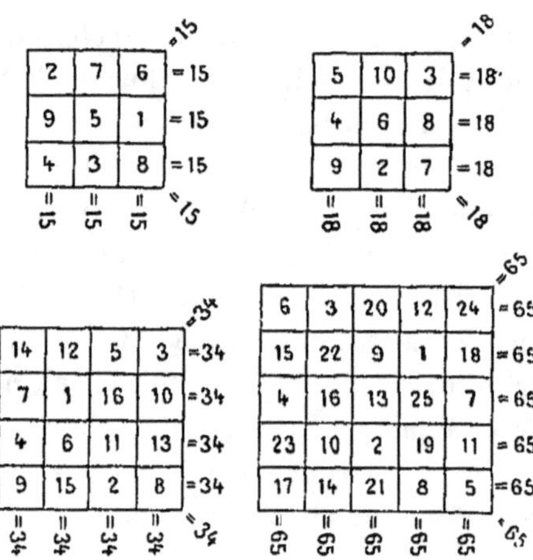

Fig. 118. — Exemples des carrés magiques formés par les termes d'une
progression arithmétique. (Page 159.)

tant en long qu'en large et en diagonale, font une même somme
quand on les additionne, ou donnent un même produit quand on
les multiplie.

Il résulte de cette définition qu'il y a deux espèces de carrés
magiques, les uns sont formés par les termes d'une progression
arithmétique, les autres par les termes d'une progression géométrique. On distingue encore les carrés magiques pairs et les carrés
magiques impairs.

Nous donnons ci-dessus plusieurs exemples de carrés magiques
à termes de progression mathématique ; parmi ceux-ci le carré
de 34 donne une des solutions du *taquin* (fig. 118).

Nous donnerons aussi un exemple de carré magique formé par des termes en progression géométrique. La progression double par exemple, 1, 2, 4, 8, 16, 32, 64, 128, 256, disposée comme ci-dessous (fig. 119), forme un carré tel que le produit obtenu en multipliant les trois termes d'un même rang ou d'une même diagonale est 4096, qui est le cube du terme moyen 16.

Ces carrés ont été appelés *magiques* parce qu'ils étaient, d'après Ozanam, en grande vénération parmi les Pythagoriciens. Certains carrés magiques, au temps de l'alchimie et de l'astrologie, étaient dédiés aux sept planètes, et gravés sur une lame du métal qui sympathisait avec la planète.

Pour donner une idée des combinaisons auxquelles se prête

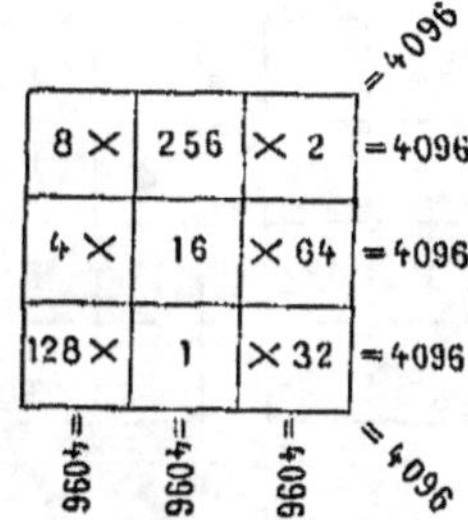

Fig. 118. — Carré magique formé par les termes d'une progression géométrique. (Page 160.)

l'étude des carrés magiques dont le *taquin* n'est qu'une variante, il nous suffira d'ajouter que des mathématiciens ont écrit des traités entiers à ce sujet. Frénicle de Bessy, un des plus éminents calculateurs du dix-septième siècle, consacra une partie de sa vie à l'étude des carrés magiques. Il découvrit des règles nouvelles pour les carrés impairs, il en donna aussi pour des carrés pairs, et il trouva le moyen de les varier d'une multitude de manières.

Ainsi pour le carré magique dont la racine est 4, on ne connaissait que 16 arrangements différents. Frénicle de Bessy trouva 880 solutions nouvelles. Un travail considérable de ce savant mathématicien a été publié sous le titre de *Carrés ou Tables magiques* dans les *Mémoires de l'Académie royale des sciences*, depuis 1666 jusqu'à 1699 (tome V, in-4°).

Les amateurs du *taquin* qui seraient accusés de s'occuper d'un jeu futile et indigne d'esprits sérieux pourront se rappeler les travaux de Frénicle : ils feront mieux encore en les consultant.

Nous n'avons abordé jusqu'ici que la première partie du *taquin* : celle qui est relative aux carrés magiques. Il nous reste à examiner ce jeu sous le rapport du problème auquel il a plus spécialement donné lieu. Nous le ferons avec un excellent mathématicien, M. Piarron de Mondesir, qui a bien voulu nous éclairer sur ce sujet beaucoup plus difficile qu'il semble au premier abord.

Le journal *la Presse illustrée* avait proposé un prix de 500 francs

Tableau A.

1	2	3	4
5	6	7	8
9	10	11	12
13	14	15	

Tableau B.

4	3	2	1
8	7	6	5
12	11	10	9
	15	14	13

Fig. 119.

pour la personne qui parviendrait à résoudre le problème suivant :

Jeter les quinze cubes hors de la boîte, les y replacer au hasard, puis, en les permutant ensemble, les ramener dans l'ordre du tableau A (fig. 119).

Or, personne n'a résolu le problème ainsi posé, par la raison toute simple qu'il est impossible, ou plutôt qu'il n'est possible que dans la moitié des cas.

Vous pouvez toujours, en permutant convenablement les cubes, ramener les 12 premiers numéros à leur place ; vous pouvez même ramener à sa place le n° 13. Mais, au lieu d'obtenir invariablement, dans la dernière rangée, l'ordre 13, 14, 15, vous obtiendrez une fois sur deux l'ordre 13, 15, 14.

Or, dans ce dernier cas, vous pourrez toujours ramener les cubes dans l'ordre du tableau B, qui est symétrique de A.

Un cas quelconque vous étant proposé, vous pouvez donc le résoudre par l'un des deux tableaux A ou B.

Or, comment prédire d'avance et sans déplacer un seul cube, si le cas proposé aboutira à A ou à B ?

15	4	12	2
3	8	11	7
14	5	1	10
9	13	G	

Fig. 120.

7	15	11	8
13	6	1	3
10	14	2	5
12	9	4	

Fig. 120 *bis.*

Rien ne vous sera plus facile, si vous voulez bien me prêter un peu d'attention.

Je prends un premier exemple ; je jette les cubes hors de la boîte, et je les y établis dans l'ordre représenté figure 120 ;

Je dis alors : 1 occupe la place de 11, 11 celle de 7, 7 celle de 8, 8 celle de 6, 6 celle de 15, 15 celle de 1. (En suivant la figure à l'aide d'un crayon, le lecteur comprendra plus facilement le raisonnement.)

Je formule cette première remarque comme il suit :

1re *série.* — 1. 11. 7. 8. 6. 15. 1.   .   (6) paire.

Je compte le nombre de points intercalés dans cette première série, j'en trouve 6, et je note (6) entre parenthèses.

J'appelle cette première série paire, par la raison que 6 est un nombre pair.

J'établis par la même formule une deuxième série commençant par le nombre 2 :

2ᵉ série. — 2. 4. 2. . . . . (2) paire.

Puis une troisième, commençant par 3 :

3ᵉ série. — 3. 5. 10. 12. 3. . . . (4) paire

Puis une quatrième et dernière, commençant par 9 :

4ᵉ série. — 9. 13. 14. 9.. . . . (3) impaire.

J'appelle cette quatrième série impaire, par la raison que 3 est un nombre impair.

J'obtiens ainsi 4 séries, dont le total des points intercalés est précisément de 15, ce qui doit être, puisqu'aucun cube ne se trouve rétabli à sa place.

Je prends de suite un second exemple (voy. fig. 120 *bis*) :

J'établis les séries comme dans l'exemple précédent :

1ʳᵉ série.	1. 7. 1	(2) paire.
2ᵉ —	.2. 11. 3. 8. 4. 15. 2	(6) paire.
3ᵉ —	5. 12. 13. 5	(3) impaire.
4ᵉ —	9. 14. 10. 9	(3) impaire.

Le total de ces 4 séries ne donne que 14, par la raison que le cube 6 n'est pas déplacé.

Voici maintenant la règle, pour prédire d'avance, une fois les séries établies, si le cas proposé se ramènera au tableau A ou au tableau B : 1° ne pas tenir compte des cubes non déplacés ; 2° ne pas tenir compte des séries impaires ; 3° ne tenir compte que des séries paires.

Si l'on n'en trouve pas une seule, ou bien si l'on en trouve 2, 4 ou 6, le cas se ramènera au tableau A. Si l'on en trouve 1. 3, 5 ou 7, le cas se ramènera au tableau B.

Appliquons cette règle très simple aux deux exemples proposés.

Dans le premier nous trouvons 3 séries paires, c'est donc le tableau B.

Dans le second nous trouvons 2 séries paires, c'est donc le tableau A.

Vous voici maintenant en possession d'une règle simple, rapide et infaillible, qui vous permettra de dire d'avance auquel des deux tableaux A ou B un cas quelconque peut être ramené.

N'allez pas au moins me faire l'injure de penser que je vous

Fig. 121. — Le solitaire à fiches. (Page 165.)

ai donné ici deux cas préparés d'avance. Vous pourrez vous convaincre par vous-même de l'exactitude de ma règle, en vous donnant autant de cas que vous voudrez.

Je tiens, toutefois, à vous prévenir que votre vie entière ne suffirait pas pour vérifier cette règle sur tous les cas possibles. Car, ce que vous ne savez peut-être pas, c'est que le nombre de ces cas possibles est égal au produit :

$$2 \times 3 \times 4 \times 5 \times 6 \times 7 \times 8 \times 9 \times 10 + 11 \times 12 \times 13 \times 14 \times 15$$

c'est-à-dire au chiffre immense de

1 307 674 368 000. Plus de treize cent milliards !

LE SOLITAIRE.

Nos pères ont cultivé souvent avec passion ce jeu aujour-
d'hui quelque peu délaissé. Cependant beaucoup de personnes

Fig. 122. — Le solitaire à billes. (Page 165.)

connaissent encore aujourd'hui le Solitaire, dont l'appareil consiste en une tablette dans laquelle on a pratiqué, soit des trous
destinés à recevoir des fiches (fig. 121), soit, mieux encore, des
alvéoles destinés à recevoir des billes (fig. 122).

Le Solitaire qu'on rencontre habituellement contient 37 cases ;
mais on joue aussi avec le solitaire à 33 cases, qui ne diffère du
premier que par la suppression de 4 cases.

Quelques auteurs ont étudié la théorie de ce jeu, beaucoup plus savant qu'on ne le suppose au premier abord. Le

docteur Reiss, M. Charles Buchonnet [1], M. le capitaine d'artillerie Hermary [2], ont publié sur ce sujet des articles scientifiques.

Je me bornerai à indiquer avec M. Piarron de Mondesir deux règles pratiques qui intéresseront à ce jeu élégant.

La première, celle des *équivalents*, vous permettra de jouer un coup quelconque, qui vous sera proposé, et d'aboutir à la *solution finale*. La seconde, celle des *anneaux*, vous permettra d'indiquer d'avance cette solution finale, sans déplacer une seule bille.

Vous connaissez sans doute le mécanisme du jeu, qui consiste à faire passer une bille par-dessus sa voisine, non pas en diagonale, comme au jeu de dames, mais suivant la ligne horizontale ou verticale, et à supprimer la bille franchie.

L'emploi des équivalents consiste à remplacer une bille par deux autres, ainsi que je vais l'expliquer tout d'abord sur un exemple (fig. 123).

Supposons qu'après avoir essayé le problème principal du solitaire à 33 cases, qui consiste, comme vous le savez sans doute, à remplir toutes les cases à l'exception de la case centrale, et à faire disparaître successivement toutes les billes, en n'en laissant qu'une seule au milieu, supposons, dis-je, qu'un joueur inexpérimenté soit arrivé au système irréductible de 5 billes sur les cases 4, 11, 15, 28 et 30.

Pour rendre le coup soluble, et pour retrouver la solution finale, je remplace la bille 11 par deux équivalentes, 9 et 10, la bille 28 par deux autres, 23 et 16, et la bille 30 par deux autres, 25 et 18. Ces substitutions ne changent pas le coup, puisque je puis le reconstituer en reprenant 10 avec 9, 23 avec 16, et 25 avec 18. Mais il se trouve qu'en procédant ainsi, j'ai substitué au système irréductible de 5 billes, un nouveau système composé des 8 billes, marquées d'un trait sur la figure, et qui se résout im-

---

[1] *Nouvelle Correspondance mathématique*, t. III, p. 234.

[2] *Compte rendu de l'Association française pour l'avancement des sciences.* Congrès de Montpellier en 1879, p. 218.

médiatement par une seule bille au centre, laquelle constitue la solution finale.

Vous comprenez maintenant, qu'avec la règle des équivalents vous pourrez toujours concentrer le coup qui vous sera proposé, le rendre soluble, dussiez-vous employer les équivalents à diverses reprises, et aboutir à la solution finale, qui sera nécessairement : soit une seule bille, soit un *couple* de deux billes placées diagonalement tel que 9-17, 25-29, etc., soit un système de 3 billes continues et en ligne droite, tel que 9-16-23, 4-5-6, etc., c'est-à-dire une *tierce*.

Il n'y a en effet, sur un solitaire quelconque, que trois solutions finales possibles d'un coup quelconque : *la bille unique, le couple* et *la tierce*.

Ce premier point établi, je vais maintenant vous indiquer quatre transformations très faciles à effectuer, et qui découlent de la règle des équivalents :

1° Remplacement de deux billes, situés sur une même rangée et séparées par une case vide, par une seule bille placée sur cette case. Ainsi, dans la case 21, je puis remplacer les deux billes 23 et 25 par une seule en 24.

2° Suppression des tierces. Ainsi je puis supprimer la tierce 9-16-23.

3° On nomme *cases correspondantes* deux cases situées sur une même rangée et séparées par deux alvéoles.

Si deux cases correspondantes sont remplies, je puis supprimer les beux billes qui les occupent. Ainsi je puis supprimer 4 et 23.

4° Je puis transporter une bille sur l'une de ses cases correspondantes, si celle-ci est vide. Ainsi je puis transporter la bille 10 en 29.

Ce sont ces quatre transformations que l'on peut réaliser avec des anneaux, sans déplacer les billes, et qui permettent de ramener le coup proposé à un système de trois anneaux au plus, compris dans le carré central du solitaire.

Pour appliquer la règle des anneaux, il suffit d'en avoir 7 d'un diamètre un peu plus grand que celui de la bille, ce qui permettra à l'anneau de franchir la bille et de venir couronner l'alvéole.

Je vais l'appliquer à un exemple :

Solitaire à 33 cases (fig. 124). — *Solution finale de la bille unique.*

1re rangée verticale. Les deux cases 7 et 21 étant remplies, et la case intermédiaire 14 étant vide, je place   1 anneau sur 14.

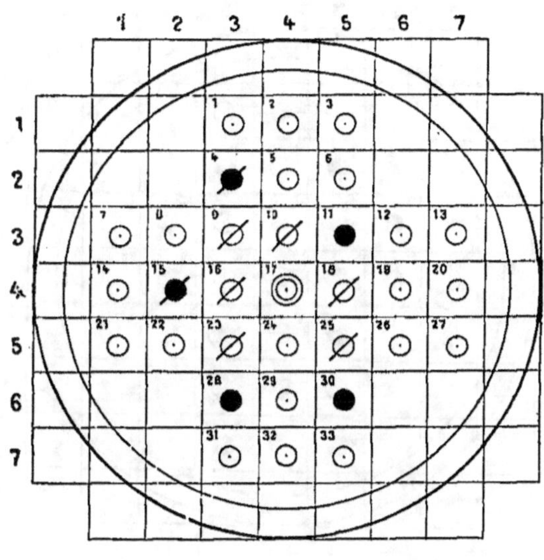

Fig. 123.

2e rangée verticale. 8 prend 15 et vient en 22; je place
1 anneau sur 22.

3e rangée verticale. Je supprime les billes correspondantes 4-23 et 16-31; il me reste une seule bille en 9. Je place
1 anneau sur 9.

4e rangée verticale. Je supprime les deux correspondantes 10-29, je transporte 2 en 17, et je place.   . 1 anneau sur 17.

5e rangée verticale. Je supprime les deux correspondantes 6-25, je transporte 33 en 18, et je place.   .   .   .   . 1 anneau sur 18.

6ᵉ rangée verticale. 12 prenant 19 et venant en 26, je place
1 anneau sur 26.

7ᵉ rangée verticale. 20 étant seul occupé, je place 1 anneau sur 20.

(Il est bien entendu que les opérations que je viens de décrire
doivent se faire mentalement sans déplacer une seule bille.)

Le coup proposé se trouve ainsi réduit au système des 7 anneaux placés sur les 7 cases 14, 22, 9, 17, 10, 26 et 20, lesquels

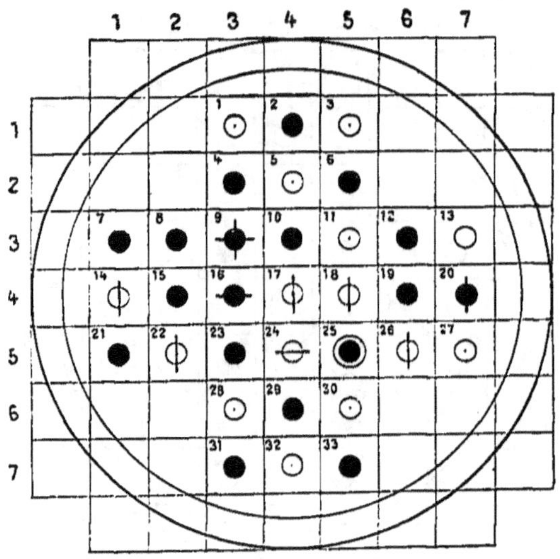

Fig. 124.

sont indiqués sur la figure par un trait vertical et se trouvent tous
compris dans les trois rangées horizontales nᵒˢ 3, 4 et 5.

Je vais maintenant opérer sur ces trois rangées horizontales,
comme je viens de le faire pour les 8 rangées verticales, en considérant les anneaux comme des billes.

3ᵉ rangée horizontale. Je trouve et je laisse 1 anneau sur 9.

4ᵉ rangée horizontale. Les deux anneaux correspondants 17-20
se détruisant, je les supprime, je transporte l'anneau 14 en 17,
je prends 17 avec 18 qui vient en 16, et je laisse 1 anneau sur 16.

5ᵉ rangée horizontale. Je transporte l'anneau 26 en 23, je

prends 23 avec 22 qui vient en 24 et je laisse 1 anneau sur 24.

(Il est bien entendu que les opérations que je viens de décrire et qui portent sur les anneaux, doivent s'effectuer réellement, ce qui est possible sans déplacer une seule bille.)

Le coup proposé se trouve ainsi réduit au système des trois anneaux 9, 16 et 24, tous trois compris dans le carré central et y occupant une horizontale différente. Ils sont désignés sur la figure par un trait horizontal.

Il est facile de voir maintenant que l'anneau 9 prend successivement les anneaux 16 et 24 et vient en 25. Il ne me reste plus alors qu'un seul anneau sur 25 indiqué par un cercle concentrique, et qui constitue la solution finale de la *bille unique.*

Vous pouvez jouer le coup, en appliquant la règle des équivalents, et vous arriverez nécessairement à une seule bille en 25.

Vous voici maintenant, si je me suis bien fait comprendre par cet exemple, en mesure, non seulement de faire aboutir un coup quelconque à sa solution finale, en appliquant la règle des équivalents, mais encore de prédire d'avance cette solution finale, en appliquant la règle des anneaux, et sans déranger une seule bille. Avec un peu d'expérience, vous pourrez même vous passer des anneaux.

CHAPITRE V

LA CHIMIE SANS LABORATOIRE

Nous avons précédemment montré la possibilité de faire un cours de physique sans appareils ; nous allons entreprendre d'enseigner à nos lecteurs le moyen d'exécuter quelques expériences de chimie sans laboratoire, seulement à l'aide d'un petit nombre d'appareils simples et peu dispendieux. La préparation des gaz tels que l'hydrogène, l'acide carbonique, l'oxygène, est très facile à pratiquer à peu de frais ; nous n'en parlerons pas ici dans le but d'indiquer principalement une série d'expériences un peu moins connues.

Nous commencerons par exemple à signaler une expérience intéressante qui s'exécute habituellement dans les cours de chimie.

Le gaz ammoniac, combiné avec les éléments de l'eau, semble être analogue à un oxyde métallique qui renfermerait un radical métallique, l'*ammonium*. Ce métal hypothétique composé, peut en quelque sorte être entrevu, puisqu'il est possible de l'amalgamer avec le mercure en opérant de la manière suivante.

On prend un mortier de porcelaine, dans lequel on verse une petite quantité de mercure ; on découpe en minces lamelles du sodium que l'on jette sur le mercure ; en agitant avec le pilon, le mélange fait entendre un décrépitement assez violent accompagné d'une flamme qui signale par sa présence l'union du mercure et du sodium, la formation d'un amalgame de sodium. Si l'on jette cet amalgame de sodium dans un tube de verre effilé contenant une solution concentrée de chlorhydrate d'ammoniaque dans l'eau, on voit le mercure se gonfler d'une manière extraordinaire, déborder sous forme d'un magma métallique très

Fig. 125. — Expérience de l'ammonium. (Page 172.)

abondant, et jaillir à l'extrémité du tube, devenu trop petit pour le contenir (fig. 125). D'après l'hypothèse dont nous entretenons nos lecteurs, l'*ammonium*, le radical qui existerait dans les sels ammoniacaux, se serait amalgamé dans cette expérience avec le mercure, en chassant le sodium qu'on y avait préalablement combiné; l'ammonium ainsi uni au mercure ne tarde pas à se décomposer en gaz ammoniac et en hydrogène, et le mercure reprend sa forme habituelle.

Parmi les sels ammoniacaux, le *phosphate d'ammoniaque* est précieux par la propriété qu'il possède de rendre incombustibles

les étoffes les plus légères, telles que gaze et mousseline. Trempez de la mousseline dans une dissolution de phosphate d'ammoniaque et faites-la sécher au contact de l'air; cela fait, il vous sera impossible d'enflammer cette étoffe, qui aurait pris feu bien facilement auparavant; vous pourrez la carboniser, mais c'est en vain que vous tenterez de la faire brûler avec flamme. Il serait à souhaiter que cette propriété remarquable fût mise à profit pour les robes

Fig. 126. — Iodure de cyanogène.

de bal, qui ont si souvent causé de terribles accidents par leur inflammation. Nul danger d'incendie avec une robe imbibée de phosphate d'ammoniaque, sel très usité, qui se vend à bas prix chez tous les fabricants de produits chimiques.

Si vous voulez boire frais en été, les sels ammoniacaux vous en donneront le moyen : le *nitrate d'ammoniaque* mélangé avec son poids d'eau produit un abaissement de température de **24** degrés centésimaux, et peut ainsi servir à fabriquer facilement de la glace. L'*alcali volatil*, qui préserve si bien des inconvénients des piqûres d'insectes, est une dissolution de gaz ammoniac dans l'eau ; le *sel volatil d'Angleterre*, dont l'odeur piquante ranime ceux qui se trouvent mal, est un carbonate d'ammoniaque.

On voit souvent chez les pharmaciens de grands bocaux en verre dont les parois intérieures sont toutes hérissées de cristaux blancs, transparents et soyeux, du plus bel aspect, qui se forment au-dessus d'une poudre rouge placée au fond du vase. Ces cristaux sont le résultat d'une combinaison du cyanogène avec l'iode.

Rien n'est plus facile que la préparation de l'*iodure de cyanogène*, corps très volatil qui a une grande tendance à prendre une forme cristalline définie. Il suffit de broyer dans un mortier un mélange formé de 50 grammes de cyanure de mercure et de 190 grammes d'iode ; par l'action prolongée du pilon, la poudre, d'abord brunâtre, prend une nuance rouge-vermillon du plus vif éclat. Le cyanogène s'empare de l'iode, et le résultat de la combinaison se transforme en vapeurs avec une grande rapidité. Si vous emprisonnez cette poudre rouge au fond d'un vase en verre bouché, les vapeurs d'iodure de cyanogène ne tardent pas à se condenser, en donnant presque immédiatement naissance à de beaux cristaux, qui atteignent souvent une grande longueur (fig. 126, page 173).

Le cyanogène forme, avec le soufre, un corps remarquable, le *sulfocyanogène*, sur les propriétés duquel nous ne pourrions pas insister sans dépasser la limite de notre cadre ; nous nous bornerons à signaler une de ses combinaisons, bien connue aujourd'hui grâce aux singulières propriétés qu'elle possède. Nous voulons parler du *sulfocyanure* de mercure, avec lequel on prépare ces petits cônes combustibles, généralement désignés sous le nom pompeux de *serpents de Pharaon*.

Pour obtenir le produit en question, on verse du sulfocyanure de potassium dans une dissolution étendue de nitrate acide de mercure ; il se forme un abondant précipité de sulfocyanure de mercure. C'est une poudre blanche, combustible, qui, après avoir été recueillie sur un filtre, doit être transformée en une pâte ferme par une trituration dans de l'eau gommée. La pâte, addi-

tionnée d'une petite quantité de nitrate de potasse, puis façonnée
en cônes ou en cylindres de 3 centimètres environ de hauteur,
est complètement desséchée au bain-marie. Une fois sec, l'*œuf*
ainsi obtenu est prêt à éclore sous la simple action d'une allumette
enflammée, et le phénomène se produit immédiatement. Le sulfocyanure se boursoufle peu à peu, le cylindre s'allonge à vue
d'œil, et se transforme en une matière jaunâtre qui se dilate, s'é-
tend jusqu'à atteindre une longueur de 50 à 60 centimètres. On
dirait un véritable serpent, qui prend instantanément naissance
pour se dérouler en replis tortueux et s'échapper de l'étroite prison où il était resserré (fig. 128, page 177).

Le résidu est en partie formé de cyanure de mercure et de
paracyanogène : il constitue un produit vénéneux qui doit être
jeté ou brûlé. Il est friable et tombe facilement en poussière sous
le seul contact des doigts. Pendant la décomposition du sulfocyanure de mercure, il se dégage de grandes quantités d'acide sulfureux, et il est à regretter que le serpent de Pharaon signale son
apparition par une odeur suffocante très désagréable.

Après ces quelques expériences préliminaires, nous essayerons
de faire comprendre l'intérêt que peut offrir l'étude de la chimie
quand elle s'adresse aux substances les plus usuelles. Nous en
prendrons comme exemple l'histoire de quelques pincées de sel.

On sait que le *sel de cuisine* ou *sel marin*, est blanc ou grisâtre
selon son degré de pureté, qu'il est doué d'une saveur particulière, soluble dans l'eau, et qu'il fait entendre, quand on le jette
sur des charbons ardents, un bruit particulier, appelé *décrépitement*. Mais si l'on n'ignore pas quelles sont ses principales propriétés physiques, on n'est généralement pas aussi instruit sur sa
nature chimique, sur sa composition élémentaire.

Le sel de cuisine renferme un métal uni à un gaz verdâtre
doué d'une odeur suffocante: ce métal est le *sodium*, ce gaz est le
chlore. Le nom scientifique de la substance qui figure sur toutes
nos tables est *chlorure de sodium* [1].

---

[1] Il en est de même pour un grand nombre d'autres produits aussi vulgaires, tels que la terre glaise, la pierre à bâtir, le grès, etc., dont la chimie

Le métal que contient le sel ordinaire ne ressemble en rien aux métaux proprement dits ; il est blanc comme l'argent, mais il se ternit immédiatement au contact de l'air, et s'unit avec l'oxygène en se transformant en *oxyde de sodium*, ou *soude caustique*. Pour conserver ce singulier métal, il est nécessaire de le soustraire à l'action atmosphérique, et de l'emprisonner dans un flacon rempli d'huile de naphte.

Le sodium est mou, et on peut, armé d'une paire de ciseaux, le découper comme on ferait d'une boulette de mie de pain pétrie entre les doigts.

Il est plus léger que l'eau, et, quand on le jette dans un vase

Fig. 127. — Combustion du sodium dans l'eau. (Page 176.)

plein de ce liquide, il y surnage comme un morceau de liège ; seulement il s'agite, et prend la forme d'une petite sphère brillante ; une violente effervescence se produit sur son passage, car il décompose l'eau à la température ordinaire par son seul contact. La petite boule métallique diminue à vue d'œil, elle ne tarde pas à disparaître complètement, et souvent même elle s'en-

a su révéler la constitution. L'argile ou terre glaise, l'ardoise, le schiste, renferment un métal devenu précieux grâce à ses applications industrielles, l'*aluminium* ; la pierre à bâtir, les moellons qui encombrent de toutes parts notre capitale, sont formés par un métal uni à du charbon et à de l'oxygène, le *calcium* ; le grès qui constitue les pavés de nos rues est composé de *silicium*, corps métallique uni à de l'oxygène ; et le sulfate de magnésie, qui entre dans la composition de la limonade purgative, renferme encore un métal, le *magnésium*.

flamme quand elle reste quelques moments stationnaire (fig. 127).

Cette expérience remarquable est facile à exécuter. Le sodium est aujourd'hui un produit très abondant et on peut se le procurer chez tous les fabricants de produits chimiques.

Fig. 128. — Serpent de Pharaon. (Page 175.)

On explique d'une manière très simple la combustion du sodium dans l'eau. L'eau, comme on le sait, est formée d'hydrogène et d'oxygène : le sodium, en raison de sa grande affinité pour ce dernier gaz, s'en empare, et le transforme en un oxyde très soluble ; l'hydrogène, mis en liberté, se dégage, comme on peut le constater en approchant du vase où brûle le métal une allumette en ignition qui enflamme le gaz combustible.

L'oxyde de sodium est très avide d'eau ; il se combine avec ce liquide et en absorbe de grandes quantités ; c'est un produit solide, blanc, qui brûle et cautérise la peau. Il est *alcalin*, il ramène au bleu le tournesol rougi par les acides.

Le sodium, qui est, comme nous l'avons dit, très avide d'oxygène, se combine facilement aussi avec le chlore. Plongé dans un flacon rempli de ce dernier gaz, il se transforme en une matière solide qui est le *sel marin*. Si le chlore se trouve en excès, une partie du gaz reste à l'état libre, car les corps simples ne s'unissent pas entre eux suivant des rapports indéterminés ; ils se combinent, au contraire, dans des proportions bien définies, et 35^{gr},5 de chlore sec s'empareront toujours d'une même quantité de sodium égale à 23 grammes.

Un gramme de sel de cuisine est donc formé de 0^{gr},606 de chlore et de 0^{gr},394 de sodium.

A côté du sel marin il existe un grand nombre de sels différents qui peuvent devenir l'objet d'expériences curieuses.

Nous savons que la soude caustique ou oxyde de sodium est un produit alcalin, doué de propriétés très énergiques ; il brûle la peau, et détruit les matières organisées.

L'acide sulfurique est doué de propriétés non moins énergiques : une goutte répandue sur la main produit une vive douleur et occasionne une forte brûlure ; un morceau de bois plongé dans cet acide est presque immédiatement carbonisé.

Quand on mélange 49 grammes d'acide sulfurique et 31 grammes de soude caustique, il se produit une réaction des plus intenses, accompagnée d'une élévation de température considérable ; après le refroidissement de la masse, on a une substance qui peut être maniée impunément : l'acide et l'alcali se sont combinés, et leurs propriétés ont été réciproquement détruites. Ils ont donné naissance à un *sel* qui est du *sulfate de soude*. Le résultat de leur union n'exerce aucune action sur le tournesol ; il ne ressemble en rien aux corps qui lui ont donné naissance.

On connaît en chimie un nombre presque infini de sels qui résultent ainsi de la combinaison d'un acide avec un alcali ou *base*. Quelques-uns d'entre eux, comme le sulfate de cuivre ou le chromate de potasse, sont colorés; d'autres, comme le sulfate de soude, sont incolores.

Ce dernier produit, comme la plupart des sels, peut affecter une forme cristalline ; si on le dissout dans l'eau bouillante et si on abandonne la solution au repos, on ne tarde pas à voir se déposer des prismes transparents du plus remarquable aspect.

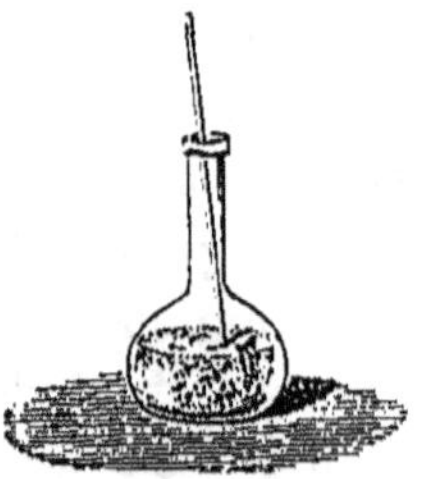

Fig. 129. — Flacon contenant une dissolution sursaturée de sulfate de soude. Sa cristallisation est montrée dans la figure de droite. (Page 179.)

Aussi ce produit, découvert par Glauber, s'appelait-il autrefois *sel admirable* ou *sel de Glauber*.

Le sulfate de soude est très soluble dans l'eau, et c'est à la température de 33 degrés que l'eau peut en dissoudre dans la plus grande proportion. Si l'on verse une couche d'huile sur une dissolution saturée de sel de Glauber, et qu'on laisse reposer la liqueur sans l'agiter, elle n'abandonnera pas de cristaux ; mais si on fait descendre une baguette de verre à travers la couche huileuse jusqu'au contact de la dissolution, la cristallisation sera instantanée [1] (fig. 129).

[1] Voici quelques indications pratiques pour bien réussir ces expériences. On prépare la solution au moyen de sulfate de soude cristallisé, 200 grammes, et eau distillée 100 grammes. On verse la solution ainsi obtenue à chaud, dans une fiole, à l'aide d'un tube à entonnoir. On réchauffe la fiole sur le fourneau :

Ce phénomène singulier devient encore plus saisissant quand on fait pénétrer la dissolution chaude et concentrée dans un tube de verre effilé AB que l'on ferme à la lampe en C après avoir chassé l'air intérieur par l'ébullition du liquide (fig. 130).

Une fois le tube bouché, les cristaux de sulfate de soude ne se formeront pas, même à la température de zéro ; cependant le sel, étant moins soluble à froid qu'à chaud, se trouve dans la liqueur dans une proportion dix fois supérieure à celle qu'elle

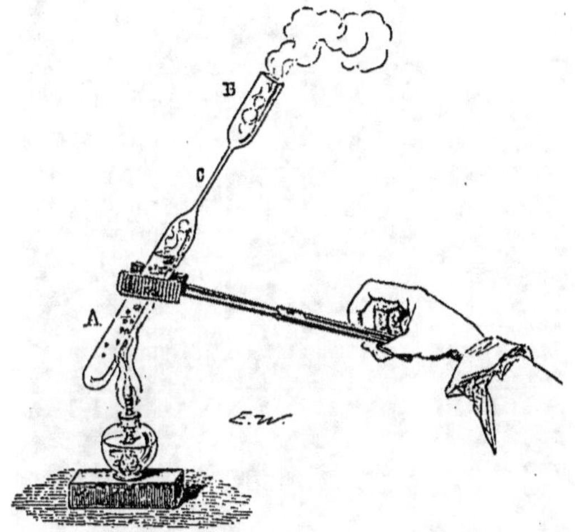

Fig. 130. — Préparation d'une dissolution sursaturée de sulfate de soude. (Page 180.)

pourrait contenir dans les conditions ordinaires. Si l'on brise la pointe du tube, le sel cristallise immédiatement.

Nous décrirons une autre expérience peu connue et remarquable qui manifeste d'une façon particulière les cristallisations instantanées. Elle est mise à exécution au Conservatoire des arts et métiers, dans le cours de M. Peligot.

quand la vapeur commence à sortir, on la couvre avec une petite capsule de porcelaine. En laissant rentrer l'air, après refroidissement, la cristallisation a lieu : si l'on a versé sur la solution une couche d'huile, le contact d'une baguette de verre opère la cristallisation de la masse. Si la baguette a été chauffée, la cristallisation n'a plus lieu.

On dissout 150 parties en poids d'hyposulfite de soude dans 15 parties d'eau, on verse lentement la dissolution dans une éprouvette à pied, préalablement chauffée à l'aide d'eau bouillante, de façon à remplir le vase à moitié environ. On a dissous, d'autre part, 100 parties en poids d'acétate de soude dans 15 parties d'eau bouillante. On verse lentement cette solution sur la

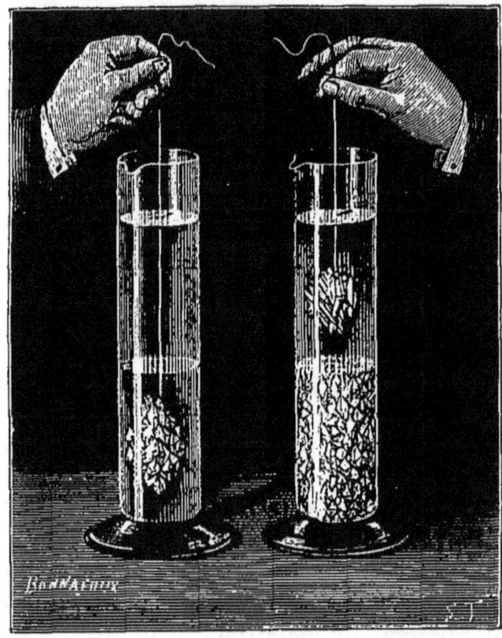

Fig. 131. — Expérience de cristallisation instantanée. (Page 181.)

première, de façon à ce qu'elle forme une couche supérieure et à ce qu'elle ne se mélange pas avec celle-ci. Les deux solutions sont surmontées d'une petite couche d'eau bouillante, que nous ne représentons pas sur notre figure 131. On laisse refroidir l'éprouvette lentement et au repos.

Quand le tout est froid, on a deux solutions sursaturées d'hyposulfite de soude et d'acétate de soude superposées.

On descend dans l'éprouvette un fil à l'extrémité duquel est fixé un petit cristal d'hyposulfite de soude ; le cristal traverse la solution d'acétate sans la troubler, mais à peine a-t-il pénétré dans la solution d'hyposulfite inférieure que le sel cristallise instantanément (Voy. l'éprouvette à gauche de la figure 131). Quand l'hyposulfite est pris en masse, on descend dans la solution supérieure un cristal d'acétate de soude suspendu à un autre fil ; ce sel cristallise alors à son tour (Voy. la même éprouvette, à droite de la figure 131). L'expérience réussit même en trempant dans la dissolution un fil de laiton au moyen duquel on a préalablement *touché* l'hyposulfite de soude. On peut opérer d'une manière analogue avec l'acétate et le sulfate de soude.

Cette expérience, bien réussie, est une des plus remarquables que l'on puisse exécuter sur les cristallisations instantanées.

L'apparition successive des cristaux d'hyposulfite de soude, qui prennent la forme de grands prismes rhomboïdaux, terminés aux deux extrémités par une face oblique, et des cristaux d'acétate de soude, qui offrent l'aspect de prismes rhomboïdaux obliques, ne manque pas de frapper l'attention et d'étonner ceux qui ne sont pas initiés à ces sortes d'expérimentations.

Une autre cristallisation instantanée très remarquable est celle de l'alun. Si l'on abandonne à un repos absolu une solution sursaturée de ce sel, elle se refroidit en restant limpide et claire. Quand elle est froide, si on y plonge un petit cristal octaédrique d'alun suspendu à l'extrémité d'un fil, on voit la cristallisation se faire subitement, sur les faces de ce petit cristal ; il s'accroît rapidement, grossit à vue d'œil, jusqu'à former un octaèdre qui remplit le vase tout entier.

MÉTAUX USUELS ET MÉTAUX PRÉCIEUX.

Que de malades ont absorbé de la *magnésie blanche* sans se douter que cette poudre renfermait un métal presque aussi blanc que l'argent, malléable, et capable de brûler avec une lumière tellement intense qu'elle peut rivaliser d'éclat avec la lumière électrique! Si quelqu'un de nos lecteurs veut lui-même préparer le magnésium, voici la méthode qu'il devra suivre : il achètera de la magnésie blanche chez un pharmacien et il traitera cette substance, après l'avoir calcinée, par l'acide chlorhydrique et le chlorhydrate d'ammoniaque ; il obtiendra une solution limpide qui, par l'évaporation sous l'action de la chaleur, fournira un

Fig. 132. — Groupes de cristaux d'alun. (Page 186.)

chlorure double hydraté et cristallisé. Ce chlorure, chauffé au rouge dans un creuset de terre, laissera en résidu un produit nacré formé de lamelles blanches et micacées : le chlorure de magnésium anhydre. Si l'on mélange ensuite 600 grammes de ce chlorure de magnésium avec 100 grammes de chlorure de sodium ou sel de cuisine, et autant de fluorure de calcium et de sodium métallique en petits fragments, si l'on jette le mélange ainsi formé dans un creuset de terre chauffé au rouge, si l'on continue à chauffer pendant un quart d'heure environ, en maintenant le creuset fermé par un couvercle de terre; enfin si, la réaction terminée, on verse la matière devenue fluide sur une pelle de terre, on obtiendra, au milieu d'une scorie, 45 grammes de magnésium métallique.

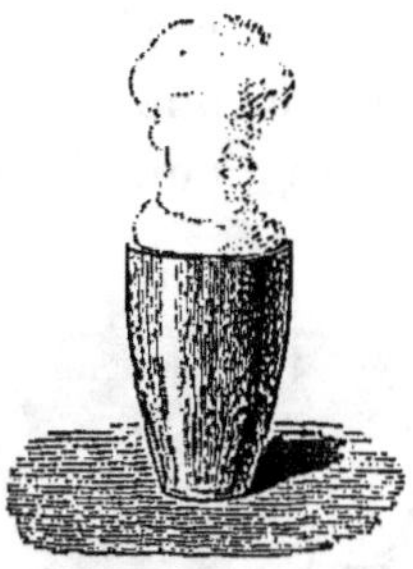

Fig. 133. — Alun calciné. (Page 186.)

Le métal ainsi obtenu est impur, et, pour le débarrasser des substances étrangères qui le souillent, on le chauffe au rouge dans un tube de charbon traversé par un courant d'hydrogène.

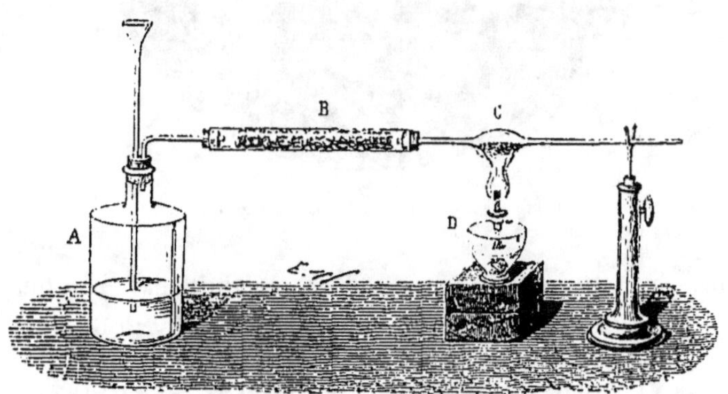

Fig. 134. — Préparation du fer pyrophorique. (Page 186.)

Le magnésium se produit aujourd'hui en grande abondance, et il est facile de s'en procurer à vil prix, en fils, en lames ou en poudre. C'est un métal doué d'une très grande affinité pour l'oxy-

gène, et il suffit de le plonger dans la flamme d'une bougie pour
en déterminer la combustion ; il brûle avec un éclat que l'œil
peut à peine supporter, et il se transforme en une poudre blanche
qui est l'oxyde de magnésium ou magnésie. La combustion est
encore plus vive dans l'oxygène, et la poudre de magnésium jetée
dans un bocal rempli de ce gaz produit une véritable pluie de feu
du plus bel effet. Pour donner une idée du pouvoir éclairant du
magnésium, il suffit de dire qu'un fil de ce métal ayant 29 cen-

Fig. 135. — Fer pyrophorique. (Page 187.)

tièmes de millimètre de diamètre produit par combustion
une lumière égale à celle de 74 bougies de 100 grammes chacune.

L'humble argile des champs, la terre glaise qui est la matière
de nos poteries, est aussi la source de l'aluminium, de ce métal
brillant, sonore comme le cristal, malléable comme l'argent,
inaltérable comme l'or. Quand on traite l'argile par l'acide sulfurique et le chlorure de potassium, on obtient l'*alun*, qui est un
sulfate d'alumine et de potasse. L'alun est un sel incolore, qui

cristallise au sein de l'eau en beaux octaèdres d'une régularité
admirable. La figure 132 représente un groupe de cristaux d'alun
que l'on voit aux galeries du Conservatoire des arts et métiers. Ce
sel est très employé dans la teinture pour l'impression des tissus;
il sert encore pour le collage des papiers et la clarification des
suifs. Les médecins, enfin, l'utilisent comme matière astringente
et caustique. Quand on soumet l'alun à l'action de la chaleur,
dans un creuset de terre, il perd l'eau de cristallisation qu'il renferme, et il se boursoufle singulièrement en débordant du vase
dans lequel on le calcine (fig. 133).

Le fer, le plus important des métaux usuels, a une grande tendance à s'unir avec l'oxygène, et on sait que, lorsqu'un morceau de
ce métal est abandonné au contact de l'air humide, il se recouvre
d'une couche rougeâtre. Dans cette expérience bien connue de
la formation de la rouille, le fer s'oxyde peu à peu, sans que sa
température s'élève ; mais cette combinaison du fer avec l'oxygène s'effectue bien plus rapidement sous l'influence de la chaleur, si, par exemple, on fait rougir au feu un clou fixé à un
fil de fer, et qu'on lui imprime un mouvement de rotation,
comme, avec une fronde, on voit jaillir du métal incandescent
mille étincelles lumineuses dues à la combinaison du fer avec
l'oxygène, à la formation d'un oxyde. Le fer très divisé brûle
spontanément au contact de l'air, et on a depuis bien des siècles
utilisé cette propriété en *battant le briquet*, c'est-à-dire en déta-
chant par le choc, sur un silex, de petits morceaux de fer qui
s'enflamment, sous l'influence de la chaleur produite par le frottement, et qui peuvent mettre le feu à une substance combustible telle que l'amadou.

On peut préparer du fer tellement divisé qu'il s'enflamme à la
température ordinaire par un simple contact avec l'air. Pour
l'amener à cet état d'extrême ténuité, on réduit son oxalate par
l'hydrogène. On dispose un appareil à hydrogène, comme l'indique la figure 134 ; on fait passer le gaz produit en A à travers
un tube dessiccateur B, et on le fait arriver dans une ampoule de
verre C, où l'on a placé de l'oxalate de fer. Ce dernier sel, sous la

double influence de l'hydrogène et de la chaleur, se réduit en fer métallique qui prend l'aspect d'une poudre noire impalpable. Quand l'expérience est terminée, on ferme l'ampoule à la lampe, et le fer contenu, ainsi protégé du contact de l'air, peut se conserver indéfiniment; mais si on le projette dans l'air en brisant

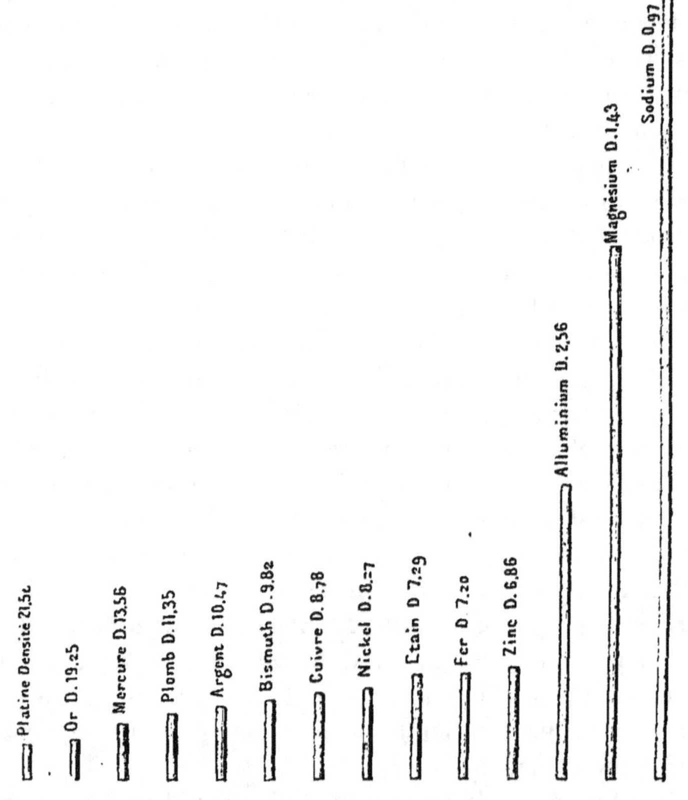

Fig. 136. — Représentation de barres de métaux pesant toutes le même poids. (Page 190.)

la pointe de l'ampoule (fig. 135), il y brûle aussitôt en produisant une véritable pluie de feu d'un bel effet[1]. Le fer ainsi préparé est connu sous le nom de *fer pyrophorique.*

[1] L'expérience est beaucoup plus brillante en faisant tomber le fer pyrophorique dans un flacon rempli de gaz oxygène.

Le fer est très vivement attaqué par la plupart des acides ; quand on verse sur des clous de l'acide nitrique ordinaire, des torrents de vapeurs nitreuses rouges se dégagent, et le fer oxydé se dissout dans le liquide à l'état d'azotate de fer. Cette expérience, très facile à exécuter, donne une idée de l'énergie de cer-

Fig. 137. — Fer et acide nitrique. (Page 188.)

taines actions chimiques. Nous avons essayé d'en représenter l'aspect par la gravure (fig. 137).

L'acide nitrique fumant n'agit pas sur le fer, et l'empêche même par son contact d'être attaqué par l'acide nitrique ordinaire ; cette propriété a donné naissance à une très remarquable expérience du *fer passif*. Voici en quoi elle consiste : on place quelques clous dans un verre, on y verse de l'acide nitrique fumant qui n'exerce aucune action; on décante l'acide fumant et on le remplace par de l'acide nitrique ordinaire, qui n'agit plus sur le fer rendu *passif* par l'acide fumant. Cela fait, si l'on touche les clous avec une tige de fer qui n'a pas subi l'action de l'acide nitrique, ils sont immédiatement attaqués et un dégagement

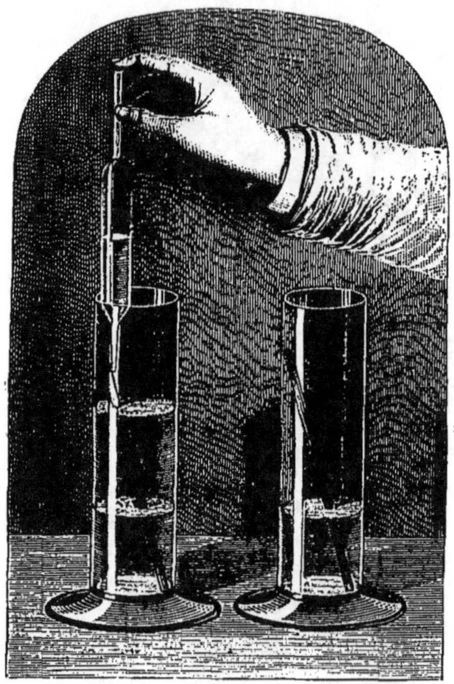

Fig. 138. — Arbre de Jupiter. (Page 191.)

de vapeurs nitreuses se manifeste avec une grande énergie.

Le plomb est un métal très mou, on peut sans effort le rayer avec l'ongle; il se laisse plier facilement, et il est presque complètement dépourvu d'élasticité, c'est-à-dire que, lorsqu'on le ploie, il ne tend pas à revenir à sa forme primitive. Le plomb est lourd, il a une densité représentée par le chiffre 11,4, ce qui veut dire que le poids du litre d'eau étant 1 kilogramme, celui d'un même volume de plomb est de 11ᵏ.400. La figure 136 (page 187) représente des barres cylindriques des métaux les plus connus, pesant toutes le même poids, et représentant leurs densités comparatives.

Le plomb, comme l'étain, est susceptible de prendre une belle forme cristalline quand on le déplace de ses dissolutions par un métal moins oxydable. La cristallisation du plomb, représentée par la figure 139 (page 192), est désignée sous le nom d'*arbre de Saturne*. Voici comment on peut faire l'expérience ; on dissout 30 grammes d'acétate de plomb dans un litre d'eau, et on verse la solution dans un vase de forme sphérique. On adapte au bouchon de ce vase un morceau de zinc auquel on attache cinq ou six fils de laiton écartés les uns des autres ; on plonge ce système dans la liqueur, et bientôt on voit les fils de laiton se couvrir de paillettes de plomb brillantes et cristallines, qui croissent et grandissent de jour en jour. Les alchimistes, qui connaissaient cette expérience, croyaient qu'il y avait là transformation du cuivre en plomb, tandis qu'il n'y a en réalité que substitution d'un métal à un autre. Le cuivre se dissout dans le liquide, et il est remplacé par le plomb qui se dépose ; mais il n'y a aucune métamorphose qui s'accomplisse. On peut varier à volonté la forme du vase ou la disposition des fils qui servent de support aux cristaux de plomb. C'est ainsi qu'il est facile de former des lettres, des chiffres ou des figures quelconques avec le laiton : on a bientôt des images régulières, formées par la cristallisation des paillettes brillantes.

Le cuivre, quand il est pur, a une couleur rouge caractéristique qui ne permet pas de le confondre avec aucun autre métal ; il se dissout très facilement dans l'acide nitrique, avec une vive effervescence et dégagement de vapeurs rutilantes très abondantes. Cette propriété a été mise à profit dans la gravure dite à l'eau-forte. On couvre une plaque de cuivre d'une couche de vernis, et, quand elle est sèche, on y pratique des traits à l'aide d'un burin ; si on verse de l'acide nitrique sur la plaque ainsi préparée, le cuivre est seulement attaqué dans les parties mises à nu par la pointe de l'acier. Enlevant ensuite le vernis, on a une planche gravée qui peut servir à tirer des épreuves multiples.

Parmi les expériences que l'on exécute à l'aide des métaux
usuels, nous mentionnerons celle à laquelle on peut employer les
sels d'étain.

L'étain a une grande tendance à prendre une forme cristalline, et il est facile de mettre cette propriété en évidence par
une expérience remarquable. On place au fond d'une éprouvette
une dissolution concentrée de protochlorure d'étain que l'on
prépare en dissolvant à chaud de l'étain métallique dans de l'acide chorhydrique; puis on descend une baguette d'étain dans
l'éprouvette, comme on l'a indiqué à la droite de la figure 138.
Cela fait, on fait couler de l'eau sur le barreau d'étain, en ayant
soin d'avoir une chute lente de liquide, de manière à empêcher
le mélange de protochlorure d'étain. On abandonne l'éprouvette
au repos, et l'on ne tarde pas à voir de brillants cristaux s'élancer de la baguette et simuler les tiges ramifiées d'une fougère
(fig. 138, page 189). Cette cristallisation ne s'effectue que dans la
couche d'eau; elle s'explique par une action électrique dans le détail de laquelle nous ne pourrions entrer sans dépasser les limites
de notre cadre, et elle est connue sous le nom d'arbres de Jupiter.
On sait que les alchimistes, dans leur nomenclature bizarre,
avaient cru voir une certaine relation mystérieuse entre les sept
métaux connus alors et les sept planètes; chaque métal était
dédié à une planète, et l'étain se nommait Jupiter. L'argent
s'appelait Lune; l'or, le Soleil; le plomb, Saturne; le fer, Mars;
le vif-argent, Mercure, et le cuivre, Vénus.

La cristallisation de l'étain peut se reconnaître encore en frottant une feuille de ce métal avec de l'acide chlorhydrique; le
décapage ainsi effectué révèle des cristaux ramifiés, analogues
au givre qui se dépose sur nos carreaux pendant les froids de
l'hiver; c'est un moiré métallique. Quand on ploie entre les
mains un barreau d'étain, on brise les cristaux enchevêtrés, et
l'on entend un bruissement particulier que l'on appelle le *cri de
l'étain*

Si nous voulons parler des métaux précieux, nous rappellerons que les alchimistes considéraient l'or comme le roi des métaux, les autres métaux rares étaient pour eux des métaux nobles.

Cette définition est erronée s'il est permis de considérer comme précieux ce qui est utile, car, dans ce cas, le fer et le cuivre devraient être placés au premier rang. Si l'or était abondamment répandu à la surface du sol, et si le fer était rare, on rechercherait avidement ce métal si nécessaire, et l'on mépriserait le premier, à l'aide duquel on ne saurait faire ni le soc d'une charrue, ni l'outil le plus indispensable à toute industrie. Quoi qu'il en soit, la rareté de l'or, son bel aspect jaunâtre, son inaltérabi-

Fig. 139. — Arbre de Saturne. (Page 190.)

lité au contact de l'air, le placent en première ligne sur la liste des métaux précieux.

L'or est très pesant; sa densité est représentée par le chiffre 19,5. C'est le plus malléable et le plus ductile des métaux; on peut le réduire par le battage en feuilles tellement minces qu'il en faudrait superposer dix mille pour avoir l'épaisseur d'un millimètre. Avec un gramme d'or, on peut fabriquer un fil d'une lieue de long, fil tellement ténu qu'il ressemble au tissage de la toile d'une araignée. Quand l'or est réduit en feuilles minces, il n'est plus opaque; si on le colle à l'aide d'une solution de gomme sur une lame de verre, la lumière le traverse de part en part, et présente une nuance verdâtre très sensible.

L'or se rencontre dans la nature à l'état natif; on le trouve

souvent disséminé dans les sables à l'état de poussière impalpable,
et il se présente dans certaines localités en masses irrégulières
plus ou moins volumineuses, que l'on désigne sous le nom de
pépites.

L'or est le moins altérable des métaux, et il peut être exposé
indéfiniment au contact de l'air humide sans s'oxyder. Il n'est
pas attaqué par les acides les plus énergiques, et il se dissout

Fig. 140. — Feuille d'or exposée aux vapeurs de mercure. (Page 194.)

seulement dans un mélange formé d'acide nitrique et d'acide
chlorhydrique appelé *eau régale*. On peut prouver que l'or résiste
à l'action des acides par l'opération suivante. On place des feuilles d'or dans deux petits matras contenant, le premier de l'acide
chlorhydrique, le second de l'acide nitrique. On fait chauffer les
deux vases sur un fourneau, et, quelle que soit la durée de l'é-
bullition des acides, les feuilles d'or, intactes, résistent complètement à leur action. Si l'on transvase le contenu d'une fiole
dans l'autre, on mélange ensemble les acides chlorhydrique et
nitrique, on forme de l'eau régale, et l'on voit immédiatement

les feuilles d'or disparaître dans ce liquide, qui les dissout avec la plus grande facilité. L'or s'altère aussi au contact du mercure. On le prouve en suspendant une feuille d'or au-dessus d'une couche de ce métal liquide (fig. 140). Elle s'altère promptement et s'unit aux vapeurs du mercure en devenant grisâtre.

L'argent est plus altérable que l'or, et son reflet, si blanc quand il est fondu, se ternit rapidement au contact de l'air. Il ne s'oxyde pas, mais il se sulfure sous l'influence des émanations sulfhydriques. L'argent ne se combine pas directement avec l'oxygène de l'air; mais il peut, dans certains cas, dissoudre des quantités notables de ce premier gaz. Si on le fait fondre dans une petite coupelle en os, au contact de l'air, si on le laisse refroidir brusquement, il se boursoufle d'une manière notable et abandonne de l'oxygène; on dit alors que l'argent *roche*.

L'acide nitrique dissout l'argent très facilement, en déterminant la formation de vapeurs rutilantes très abondantes. En évaporant la solution obtenue, on voit se former des cristaux blancs pailletés qui sont le nitrate d'argent. Ce nitrate d'argent fondu prend le nom de *pierre infernale*, et il est employé comme cautérisant en médecine. Le nitrate d'argent est très vénéneux; il possède la singulière propriété de noircir sous l'action des rayons solaires, et il est devenu la base des merveilleuses opérations de la photographie.

Le nitrate d'argent est encore employé pour la fabrication de teintures destinées aux cheveux. On l'applique sur une chevelure blanche avec de la noix de galle, et sous l'action de la lumière il noircit et donne aux cheveux une coloration noire très intense.

Les sels d'argent en dissolution dans l'eau ont la propriété de se précipiter sous l'action des chlorures, tels que le sel marin. Si l'on jette quelques grains de sel de cuisine dans une solution de nitrate d'argent, il se forme un abondant précipité cailleboté de chlorure d'argent, qui noircit à la lumière. Ce précipité, insoluble dans l'acide nitrique, se dissout très facilement dans l'ammoniaque.

Le platine, qui est le dernier des métaux précieux qu'il nous reste à étudier, est d'un blanc grisâtre; il ne peut, comme l'or, être attaqué que par l'eau régale. C'est le plus pesant de tous les métaux usuels; sa densité est de 21,50. Il est très malléable et très ductile; on arrive à le battre en feuilles très minces et en fils aussi ténus que les fils d'or. On arrive même à fabriquer des fils de platine tellement fins que l'œil ne les perçoit que difficilement; ces fils sont connus sous le nom de fils invisibles de Wollaston. Le platine résiste à l'action des feux de forge les plus intenses, et l'on ne saurait en déterminer la fusion qu'à l'aide du chalumeau à gaz oxyhydrique. Son inaltérabilité et la résistance qu'il oppose au feu, le rendent précieux dans les usages du laboratoire. On en fabrique de petits creusets qui servent aux chimistes pour calciner leurs précipités dans les opérations analytiques, ou déterminer des réactions sous l'influence d'une température élevée.

Le platine peut être réduit à un grand état de division; il offre alors l'aspect d'une poudre noire, et prend le nom de noir de platine. A cet état pulvérulent, il absorbe les gaz avec une très grande rapidité, à un tel point qu'un centimètre cube de noir de platine peut condenser 750 fois son volume de gaz hydrogène. Il condense aussi l'oxygène, et dans un grand nombre de cas, il agit comme un oxydant énergique. Le platine s'obtient aussi en masses spongieuses (*mousse de platine*) qui déterminent des phénomènes d'oxydation.

On peut confectionner une petite lampe très ingénieuse qui s'allume d'elle-même sans le secours d'aucune flamme. Elle contient intérieurement une cloche de verre qui se remplit de gaz hydrogène provenant de l'action qu'exerce un culot de zinc sur l'eau acidulée qu'on y a enfermée. Si l'on presse le bouton placé à la partie supérieure de l'appareil, l'hydrogène s'échappe et va frapper un morceau de mousse de platine qui, agissant par oxydation, l'enflamme. La flamme produite met le feu à une petite lampe à huile qui se trouve en regard du jet gazeux. Cette lampe, très ingénieuse, est connue sous le nom de briquet Gay-Lussac. Le platine en mousse peut ainsi déterminer, par son seul contact, un grand nombre de réactions chimiques. Recueillez dans une éprouvette un mélange détonant formé de deux volumes d'hydrogène et d'un volume d'oxygène ; plongez dans ce gaz un petit morceau de mousse de platine, et immédiatement la combinaison des deux corps s'effectuera en faisant entendre une violente détonation. Chauffez au rouge une petite spirale de platine dans la flamme d'une lampe, après l'avoir suspendue à un carton ; plongez-la rapidement dans un verre contenant de l'éther, et vous verrez la spirale métallique rester rouge pendant un temps très long, tandis que dans l'air elle se serait refroidie immédiatement. Ce phénomène est dû à l'action d'oxydation qu'exerce le platine sur les vapeurs d'éther. On connaît cette expérience célèbre sous le nom de *lampe sans flamme*. Ces remarquables actions oxydantes du platine, qu'on ne sait pas encore expliquer, étaient autrefois désignées sous le nom d'*actions calatytiques*. Mais un mot, si grec qu'il soit, n'est pas une théorie, et il est toujours préférable d'avouer son ignorance que de la dissimuler sous une apparence de savoir. La science est assez riche pour qu'elle puisse exprimer hardiment ses doutes et ses incertitudes. En observant la nature, on déduit des expériences de ces observations, et l'on est souvent conduit à rencontrer des faits qui peuvent être mis à profit et devenir des applications utiles ; il se peut cependant que le pourquoi et les causes échappent longtemps encore à l'œil le plus clairvoyant et à l'intelligence la plus lucide. Certes, les admirables applications de la science ont lieu de nous frapper par l'importance de leurs résultats, par les admirables inventions qui sont sorties de leur sein ; mais si elles ont pu tirer parti des faits observés, que nous apprennent-elles sur les causes premières de toutes choses, sur le *pourquoi* de la nature ? Presque rien. — Il faut savoir humblement confesser notre impuissance, et dire comme d'Alembert : « L'Encyclopédie est bien abondante, mais que serait-elle si elle parlait de ce qu'on ne sait pas ? »

COLORATION ARTIFICIELLE DES FLEURS

On a l'habitude, dans les cours de chimie, de mettre en évidence l'action exercée par l'acide sulfureux sur les matières colorantes végétales, en faisant agir ce gaz sur des violettes, qu'il blanchit presque instantanément. L'acide sulfureux, par ses propriétés desoxydantes, détruit la couleur d'un grand nombre de fleurs, telles que les roses, les pervenches, etc. L'expérience réussit très promptement au moyen du petit appareil que nous représentons plus loin (fig. 141, page 200). On fait fondre, dans une petite capsule de porcelaine, du soufre qui s'enflamme au contact de l'air, et donne naissance par sa combinaison avec l'oxygène à de l'acide sulfureux ; on recouvre la capsule d'une cheminée conique, façonnée avec une feuille de cuivre mince, et on expose à l'orifice supérieur les fleurs que l'on veut décolorer. L'action est très rapide, et il suffit de quelques secondes pour rendre absolument blanches, des roses, des pervenches, des pensées violettes, etc.

Un savant distingué, M. Filhol, a jadis exposé devant les membres de l'Association scientifique, les résultats qu'il avait obtenus, en faisant agir sur les fleurs un mélange d'éther sulfurique et de quelques gouttes d'ammoniaque ; il a montré que, sous l'action de ce liquide, un grand nombre de fleurs violettes ou roses devenaient d'un beau vert très intense. Nous avons exécuté à ce sujet une série d'expériences que nous résumerons ici ; elles pourront facilement être reprises et continuées par ceux de nos lecteurs que la question intéresserait.

On verse, dans un verre, de l'éther ordinaire que l'on additionne d'une petite quantité d'ammoniaque liquide ($\frac{1}{10}$ du volume environ). On plonge dans la liqueur des fleurs sur lesquelles on veut expérimenter (fig. 142).

Un certain nombre de fleurs colorées naturellement en violet ou en rose prennent instantanément une couleur d'un vert très vif, rappelant l'aspect des verts de cuivre ; tels sont : le géranium rosat, la pervenche violette, la julienne lilas, le thlaspi lilas, les roses rouges et roses, la giroflée de Mahon, le thym, la petite campanule bleue, la fumeterre, le myosotis et l'héliotrope. D'autres fleurs, dont les couleurs ne sont pas d'une même nuance,

prennent des teintes différentes par le contact avec l'éther ammoniacal.

Le pétale supérieur du pois de senteur violet devient bleu
foncé, tandis que le pétale inférieur prend une couleur vert
clair. L'œillet de poète panaché devient brun et vert clair. Les
fleurs de couleur blanche passent généralement au jaune ; tels
sont : le pavot blanc, le muflier panaché qui devient jaune et
violet foncé, la rose blanche qui se colore en jaune paille, l'an-
colie blanche, le cynoglosse, la camomille, le seringat, la mar-
guerite blanche, la pomme de terre blanche, la julienne blanche, le chèvrefeuille, la fève, la reine-des-prés, la digitale
blanche, qui en contact avec l'éther ammoniacal se parent de
nuances jaunes plus ou moins foncées. Le muflier blanc devient
jaune et orange foncé.

Dans le pois de senteur rose, le pétale supérieur devient bleu,
le pétale inférieur vert tendre ; le géranium rose passe au bleu
d'une façon très remarquable ; dans le mimulus l'action de l'é-
ther ammoniacal a lieu seulement sur les taches rouges qui passent au brun vert ; le muflier rouge devient d'un beau brun
métallique ; dans la diclytra, l'extrémité blanche devient jaune,
et les pétales extérieurs gris métallique. La valériane se pare d'une
nuance grisâtre, et le rouge coquelicot passe au violet très
foncé.

Les fleurs jaunes ne sont pas altérées par l'éther ammoniacal ;
le bouton d'or, le souci, la giroflée jaune, etc., conservent leur
nuance naturelle au sein du liquide.

Les feuilles colorées en rouge, comme celles du hêtre pour-
pre, et celles d'un grand nombre d'arbres végétaux, deviennent
instantanément vertes quand on les met en contact avec l'éther
ammoniacal. L'action de ce liquide est tellement rapide, qu'il
est facile de les tacheter de points verts, en y faisant tomber çà et
là quelques gouttes de la solution. On peut de même tacheter de
points blancs les fleurs violettes telles que les pervenches, et cela
en laissant les fleurs sur leurs tiges sans les cueillir.

Nous compléterons ces renseignements par la description des

expériences que M. Gabba a exécutées en Italie au moyen de l'ammoniaque qu'il fait agir directement sur les fleurs [1]. M. Gabba se sert tout simplement d'une assiette dans laquelle il verse une certaine quantité de la solution d'ammoniaque. Il pose ensuite sur cette assiette un entonnoir renversé dans le tube duquel il place les fleurs qu'il veut soumettre à l'expérience. En opérant de cette manière, il a vu, sous l'action de l'ammoniaque, les fleurs bleues, violettes et purpurines devenir d'un beau vert; les fleurs rouge-carmin intense (œillets) devenir noires; les blanches jaunir, etc.

Les changements de couleur les plus singuliers lui ont été offerts par les fleurs qui réunissent plusieurs teintes différentes, et dont les lignes rouges ont verdi, les blanches ont jauni, etc. Un autre exemple remarquable est celui des fuchsias à fleurs blanches et rouges, qui, par l'action des vapeurs ammoniacales, sont devenues jaunes, bleues et vertes. Lorsque les fleurs ont subi ces changements de couleurs, si on les plonge dans l'eau pure, elles conservent leur nouvelle coloration pendant plusieurs heures; après quoi, elles retournent peu à peu à leur coloris primitif.

Une autre observation intéressante, due à M. Gabba, c'est que les fleurs des *Asters*, qui sont naturellement inodores, acquièrent une odeur aromatique agréable sous l'influence de l'ammoniaque. Les fleurs de ces mêmes *Asters*, dont la couleur naturelle est le violet, deviennent rouges quand on les mouille avec de l'acide azotique étendue d'eau. D'un autre côté, ces mêmes fleurs, si on les enferme dans une boîte de bois où elles soient exposées aux vapeurs de l'acide chlorhydrique, deviennent, en six heures, d'un beau rouge-carmin qu'elles conservent quand on les place dans un endroit sec et à l'ombre, après les avoir desséchées à l'air et à l'obscurité.

Dans les expériences faites au moyen de l'éther ammoniacal, l'acide chlorhydrique ramène aussi au rouge les fleurs rendues

---

[1] *Journal de la Société centrale d'agriculture de France.*

vertes par l'action du premier liquide, mais généralement en les altérant d'une façon très sensible.

Nous terminerons cette étude en faisant observer que l'ammoniaque, mélangée avec l'éther, agit beaucoup plus promptement que lorsqu'elle est employée seule.

Fig. 141. — Décoloration de pervenches par l'acide sulfureux. (Page 197.)

LA PHOSPHORESCENCE

On voit, exposées chez les opticiens, des fleurs artificielles préparées d'une façon spéciale, et qui ont la propriété d'être phosphorescentes dans l'obscurité, lorsqu'elles ont été exposées à l'action d'un rayon de lumière, solaire, électrique ou de magnésium incandescent. Ces objets de chimie amusante se rattachent à des phénomènes très intéressants, à des expériences très curieuses, aujourd'hui peu connues; nous voulons y appeler l'attention du lecteur.

La faculté que possèdent certains corps d'émettre de la lumière quand on les place dans certaines conditions est beau-

Fig. 142. — Expérience pour colorer en vert des ancolies par l'éther ammoniacal. (Page 197.)

coup plus générale qu'on ne le croit communément. M. Edmond Becquerel, à qui l'on doit un remarquable travail sur ce sujet, divise les phénomènes de phosphorescence en cinq classes distinctes :

1° *Phosphorescence par élévation de température.* — Parmi les substances qui présentent ce phénomène à un haut degré, on peut citer certains diamants, les variétés colorées de fluorure de calcium, certains minéraux à base de chaux, et les sulfures connus sous le nom de phosphores artificiels, quand ils ont été préalablement exposés à l'action de la lumière.

2° *Phosphorescence par action mécanique.* — Elle s'observe quand on frotte certains corps les uns contre les autres ou avec un corps dur. Lorsque l'on frotte deux cristaux de quartz dans l'obscurité, on aperçoit des étincelles de couleur rouge; quand on broie de la craie ou du sucre, il y a également émission de lumière, etc.

3° *Phosphorescence par l'électricité.* — Elle se manifeste par les lueurs qui accompagnent le dégagement de l'électricité par influence, et lorsque les gaz et les vapeurs raréfiées transmettent des décharges électriques.

4° *Phosphorescence spontanée.* — Elle s'observe, comme personne ne l'ignore, chez un certain nombre d'animaux vivants (vers luisants, cucujos, noctiluques, etc.); des effets de phosphorescence se produisent aussi avec des substances organiques, animales ou végétales, avant que la putréfaction ait lieu; ils se manifestent aussi lors de la floraison de certaines plantes, etc.

5° *Phosphorescence par insolation ou par l'action de la lumière.* — « Elle consiste, dit M. Edmond Becquerel, en ce que, si l'on expose pendant quelques instants à l'action de la lumière solaire ou diffuse, ou à celles des rayons émanés d'une source lumineuse de quelque intensité, certaines substances minérales ou organiques, ces matières deviennent immédiatement lumineuses par elles-mêmes, et brillent alors dans l'obscurité avec une lueur dont la couleur et la vivacité dépendent de leur nature et de leur état physique; la lueur qu'elles émettent ainsi diminue graduellement d'intensité pendant un temps qui varie de quelques secondes jusqu'à plusieurs heures. Quand on expose de nouveau ces substances à l'action du rayonnement, le même effet se reproduit. L'intensité de la lumière émise après l'insolation est toujours beaucoup moindre que celle de la lumière incidente. Ces phénomènes paraissent avoir été observés d'abord avec des pierres précieuses, puis, en 1604, avec la pierre de Bologne calcinée (phosphore qui a le plus occupé les physiciens), ensuite avec un diamant, par Boyle, en 1663 ; en 1675, avec le phosphore de Baudoin (résidu de la calcination du nitrate de chaux), et plus tard à l'aide d'autres substances que nous allons citer.

« Les corps qui sont les plus impressionnables à l'action du rayonnement sont les sulfures de calcium et de baryum (phosphores de Canton et de Bologne), le sulfure de strontium, certains diamants et la variété de fluorure de calcium qui a reçu le nom de *chlorophane*. »

Le sulfure de calcium phosphorescent (phosphore de Canton) se prépare en calcinant dans un creuset de terre un mélange de fleur de soufre et de carbonate de chaux. Mais la préparation ne réussit qu'avec du carbonate de chaux d'une nature particulière. Celui qui provient de la calcination de coquilles d'huîtres donne de très bons résultats. On mélange trois parties de la substance ainsi obtenue avec une partie de fleur de soufre, et on les chauffe au rouge dans un creuset, à l'abri du contact de l'air. Le phosphore de Canton, que l'on obtient ainsi, donne, dans l'obscurité, une lumière jaune après son insolation. Les coquilles d'huîtres calcaires ne sont pas toujours pures, et le résultat obtenu est quelquefois peu satisfaisant ; il est préférable d'agir avec des corps dont la composition soit bien déterminée. « Quand on veut préparer un sulfure phosphorescent avec de la chaux ou du carbonate de chaux, dit M. E. Becquerel, les proportions les plus convenables sont celles dans lesquelles, sur 100 parties de matière, on emploie 80 pour 100 de fleur de soufre dans le premier cas, et 48 pour 100 dans le second cas, c'est-à-dire lorsqu'on emploie les quantités de soufre qui seraient nécessaires pour être brûlées par l'oxygène de la chaux ou du carbonate, et pour produire un monosulfure [1].

« Il faut avoir égard, dans la préparation, à l'élévation de la

---

[1] Ces substances doivent être très finement pulvérisées et intimement mélangées.

température ainsi qu'à sa durée. En opérant, en effet, avec de la chaux provenant de l'aragonite fibreuse, et portant le creuset à une température inférieure à 500 degrés pendant un temps suffisant pour que la réaction entre le soufre et la chaux ayant

Fig. 143. — Fleur artificielle enduite d'une poudre phosphorescente, exposée à la lumière du magnésium. (Page 206.)

lieu, le soufre en excès soit éliminé, on a une masse faiblement lumineuse, avec une teinte bleuâtre ; si cette masse est portée à une température de 800 à 900 degrés et ne dépasse pas la fusion de l'argent ou de l'or, et cela pendant vingt-cinq ou trente minutes, alors la masse offre par phosphorescence une teinte lumineuse très vive. »

Le sulfure de calcium jouit de propriétés phosphorescentes différentes suivant la nature du sel qui a servi à produire le carbonate de chaux employé. Si l'on transforme du marbre blanc en nitrate de chaux, en le dissolvant dans de l'eau additionnée

Fig. 144. — La même fleur phorphorescente, émettant de la lumière dans l'obscurité. (Page 206.)

d'acide nitrique, si l'on précipite le sel par le carbonate d'ammoniaque, et que l'on emploie le carbonate de chaux ainsi obtenu à la préparation du sulfure de calcium, on a un produit qui donne une phosphorescence de couleur violet-rose. Si le carbonate de chaux dont on se sert provient de chlorure de calcium précipité par le carbonate d'ammoniaque, la phosphorescence est jaune.

En traitant par le soufre le carbonate de chaux préparé avec de l'eau de chaux traversée par un courant d'acide carbonique, on a un sulfure dont la lumière, émise par phosphorescence, est encore d'un violet très pur. Le carbonate de chaux obtenu en précipitant le chlorure de calcium cristallisé du commerce, par différents carbonates alcalins, donne aussi de bons résultats.

Les sulfures de strontium lumineux peuvent être obtenus, comme ceux de calcium, par l'action du soufre sur la strontiane ou le carbonate de cette base, par la réduction du sulfate de strontiane avec du charbon. Les nuances vertes et bleues sont les plus fréquentes.

Les sulfures de baryum présentent aussi des phénomènes de phosphorescence très remarquables. Cependant, pour obtenir des masses bien lumineuses, il faut en général une température plus élevée et plus soutenue que pour les autres composés. Tel est l'effet produit quand on réduit du sulfate de baryte naturel par le charbon, c'est-à-dire lors de la réaction qui donne lieu au phosphore anciennement connu sous le nom de *phosphore de Bologne*. Les préparations obtenues avec la baryte ont une phosphorescence variant du rouge orangé au vert.

La préparation des substances dont nous venons de donner l'énumération permet d'expliquer facilement le mode de confection des fleurs lumineuses que nous signalions. au commencement de cet article. On prend des fleurs artificielles, on les enduit d'une colle liquide, de gomme en dissolution dans l'eau, par exemple ; on les saupoudre du sulfure phosphorescent, et on les fait sécher. La matière pulvérulente y adhère solidement. Il suffit d'exposer la fleur ainsi préparée à la lumière solaire ou de l'éclairer par les rayons émanant d'un fil de magnésium en combustion (fig. 143), elle devient aussitôt phosphorescente. Si on la transporte dans une chambre obscure (fig. 144), elle brille d'un vif éclat, et dégage des rayons colorés d'un effet charmant. On se sert des sulfures phosphorescents pour tracer des dessins ou des noms sur une surface de papier, etc., on concevra que ces

Coloration artificielle des fleurs.
A. Fleurs naturelles.
B. Les mêmes traitées par l'éther ammoniacal.

expériences peuvent varier facilement au gré de l'expérimentateur. Ces substances ne sont-elles pas susceptibles d'être employées à des usages plus sérieux, y a-t-il lieu d'espérer qu'elles
se classeront parmi les produits utiles? La réponse est affir-
mative. On obtient avec les matières phosphorescentes artificielles des cadrans lumineux pour les horloges placées dans
l'obscurité ; il ne serait pas impossible de s'en servir pour faire
des enseignes de boutiques ou des numéros de maisons qui lui-
raient pendant la nuit.

LA CHIMIE APPLIQUÉE A LA PRESTIDIGITATION.

Tandis que la physique a fourni à cet art d'amusement que l'on
a appelé la prestidigitation un grand nombre d'effets intéressants, la chimie ne lui a apporté qu'un faible concours. Robert
Houdin a jadis employé l'électricité pour faire mouvoir les aiguilles de son horloge magique, l'électro-aimant pour rendre un
coffre de fer si lourd instantanément, que personne ne pouvait le
soulever. Robin s'est servi de l'optique pour produire sur la scène
les effets si curieux des *Spectres*, ou du *Décapité parlant*, etc. Les
amateurs de ce genre de récréations peuvent cependant emprun-
ter à la chimie quelques expériences originales et cela sans grand
appareil. Voici un tour d'escamotage que j'ai vu exécuter avec
grand succès devant un nombreux auditoire, par un prestidigita-
teur fort habile.

L'opérateur prenait un verre à boire, parfaitement transparent, et le plaçait sur une table : il annonçait qu'il allait recou-
vrir le verre d'une soucoupe, et que, se tenant à distance, il ferait
pénétrer dans le verre la fumée d'une cigarette. Ce qui fut
annoncé s'exécuta. Tandis que l'expérimentateur fumait au loin,
le verre se remplissait comme par enchantement d'une fumée
blanche très abondante (fig. 145).

Ce tour s'exécute très facilement : il suffit de verser au préalable dans le verre deux ou trois gouttes d'acide chlorhydrique
et d'humecter la soucoupe, sur le fond qui sera placé sur le vase,

de quelques gouttes d'ammoniaque qui y adhèrent par capillarité. Les deux liquides, ainsi versés à l'avance avant que le verre
et la soucoupe ne soient présentés aux spectateurs, forment une
couche si mince, qu'ils passent inaperçus, mais, quand ils sont
mis en présence, au moment où la soucoupe est placée sur le
verre, ils donnent naissance à des vapeurs blanches de chlorhy-

Fig. 145. — Une expérience de chimie amusante. (Page 207.)

drate d'ammoniaque ; ces vapeurs offrent une complète ressem-
blance avec la fumée de tabac.

Les faiseurs de tour exhibent parfois des bouteilles taillées en
spirale élastique comme un ressort de verre (fig. 146).

Voici comment on arrive à les confectionner :

On se sert d'un charbon formé de 180 grammes de noir de
fumée mélangés avec 56 grammes de gomme arabique, 23 grammes de gomme adragante, 23 grammes de benjoin délayés dans

l'eau, on façonne la pâte obtenue en un crayon, qui rougi dans une flamme, coupe le verre partout où il est appliqué. On commence la taille par un trait de lime; on continue la fente avec le crayon taillé en pointe et rougi au feu.

Quand on a commencé à mordre le verre par le trait de lime,

Fig. 146. — Bouteille taillée en spirale (Page 208).

on approche le charbon rouge, en cet endroit même, et on le frotte contre le verre en le soufflant à l'aide de la bouche pour augmenter l'incandescence. La figure ci-dessus donne le spécimen de ce qu'on peut faire, à l'aide de la méthode que nous indiquons.

CHAPITRE VI

LA TOUPIE MAGIQUE ET LE GYROSCOPE
LES JEUX SCIENTIFIQUES

Nous avons parlé précédemment des toupies chromatiques qui
se rattachent aux expériences de la vision des couleurs. Il n'est
personne qui ne connaisse la vulgaire toupie, et nous ne croyons
pas qu'il soit utile d'en donner la description ; mais nous parlerons avec détails de la remarquable toupie magique qui offre de
nombreux sujets d'observations et d'études au point de vue de la
mécanique. Composé d'un disque massif muni d'un axe pouvant
tourner sur deux pivots reliés par un cercle de métal, ce jouet
au repos n'offre rien de particulier, c'est un ensemble complètement inerte qui, comme tous les corps, obéit aux lois de la pesanteur. Mais vient-on à imprimer au disque un mouvement de rotation rapide, tout change, ce corps inerte semble avoir pris une
vie propre ; si nous essayons de le déplacer, il résiste et semble
vouloir forcer la main qui le tient, à le suivre dans certaines
directions et à exécuter des mouvements différents de ceux qu'elle
cherche à lui imprimer.

Bien plus, il paraît s'être affranchi dans une certaine mesure
des lois de la pesanteur ; si nous le plaçons sur son pivot, au lieu

de tomber comme il le ferait lorsque le disque est immobile,
il va conserver la position horizontale ou inclinée que nous
lui avons donnée, l'extrémité libre de son axe décrivant lentement un cercle horizontal autour du point d'appui de l'autre extrémité.

Peu de personnes sont assez familiarisées avec les théories de
la mécanique rationnelle pour comprendre ces phénomènes, et
souvent la toupie achetée pour amuser un enfant, devient un
objet d'étonnement ou d'étude pour son entourage.

Nous ne prétendons pas ici exposer mathématiquement les
raisons qui font que les faits ne peuvent se passer autrement que
nous le voyons, mais le principe de mécanique sur lequel a été
construite cette toupie ayant une grande importance scientifique,
nous voulons l'exposer en quelques mots à nos lecteurs.

Il suffit d'avoir quelques notions de mécanique pour savoir
qu'un corps en mouvement, soumis à l'action d'une force tendant
à lui imprimer un autre mouvement suivant une direction différente, suivra une troisième direction qui est dite résultante des
deux autres; cette résultante se rapprochant d'autant plus d'une
des directions primitives que le mouvement correspondant est
plus rapide par rapport à l'autre. Si, par exemple, vous frappez
une bille qui passe devant vous, de manière à la chasser normalement à sa direction, elle ne semblera obéir qu'en partie à votre
impulsion et continuera sa marche suivant une direction oblique,
la vitesse qu'elle avait déjà, se composant avec cette impulsion
pour produire le mouvement résultant. Si elle passe très vite et
que vous frappiez doucement, elle se dérangera à peine de sa
direction. Si au contraire elle va lentement et qu'elle reçoive un
choc violent, elle s'échappera presque exactement dans la direction dans laquelle elle a été frappée.

Eh bien! ce qui se passe lorsqu'un corps tend à prendre en
même temps deux mouvements de translation, se produit encore
lorsqu'il s'agit de mouvement de rotation; c'est-à-dire que si
une force vient agir sur un corps en rotation de manière à lui
imprimer un mouvement de même nature autour d'un autre axe,

il en résultera un troisième mouvement autour d'un troisième axe dont la direction se rapprochera le plus de celui autour duquel se fait la rotation la plus rapide. Appliquons ce principe très simple à notre toupie, et nous allons voir immédiatement que la magie n'a absolument rien à revendiquer dans ces mouvements si bizarres au premier abord.

Lorsque après l'avoir lancée, nous la posons sur son pivot, son axe soutenu, horizontalement par exemple, par une de ses extrémités, nous avons en présence deux mouvements : d'abord celui que nous lui avons imprimé et en second lieu le mouvement de rotation que tend à lui faire prendre la pesanteur, autour d'un second axe également horizontal, passant par le point d'appui et perpendiculaire au premier. Il en résultera donc une rotation autour d'un troisième axe placé entre les deux premiers, c'est-à-dire également dans le plan horizontal passant par le pivot. Mais tandis que l'axe matériel de la toupie, pour obéir à ce mouvement résultant, ira prendre sa nouvelle position, la pesanteur continuant à agir, l'aura de nouveau déplacé et porté un peu plus loin, de sorte qu'en cherchant à atteindre cette position d'équilibre que la pesanteur fait constamment fuir devant lui, il tournera autour du point d'appui (fig. 147).

D'après ce que nous avons dit, on comprendra facilement que plus le mouvement imprimé à la toupie sera rapide, celui dû à la pesanteur restant constant, plus l'axe du mouvement résultant sera près de son axe matériel, et conséquemment plus le mouvement de rotation de l'ensemble autour du pivot sera lent.

Ainsi s'explique facilement ce fait, en apparence incompréhensible, de la pesanteur, force verticale, produisant un mouvement de rotation dans un plan horizontal.

On explique avec la même facilité par des raisonnements analogues et en tenant compte des résistances passives, pourquoi l'axe de la toupie s'incline peu à peu, à mesure que la vitesse propre de cette dernière décroît et qu'augmente la vitesse de rotation autour du point d'appui; pourquoi elle tombe immédiatement si un obstacle s'oppose à ce dernier mouvement; pourquoi enfin elle produit sur la main qui la tient des réactions qui étonnent tant les personnes qui la saisissent pour la première fois.

On énonce souvent le principe que nous venons d'expliquer en disant que tout corps en rotation rapide reste dans son plan et n'en peut être écarté que par une force considérable; c'est là une rédaction vicieuse. On doit énoncer ce principe de la manière

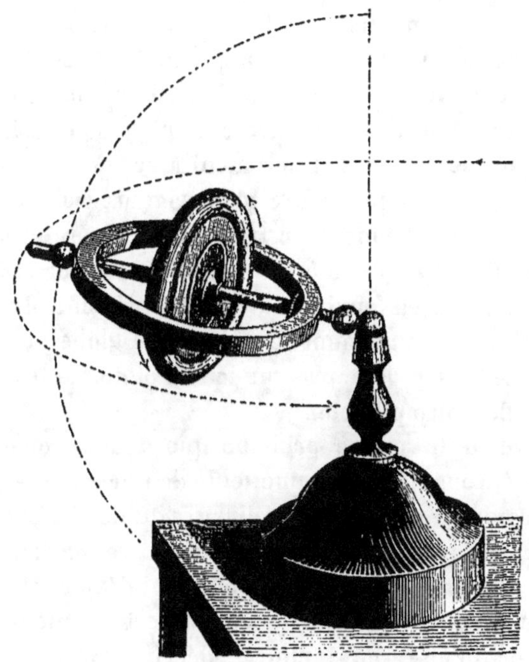

Fig. 147. — La toupie magique (Page 212).

suivante : Un corps en rotation rapide tend à rester dans son plan, c'est-à-dire que son axe tend à rester toujours parallèle à lui-même, et, au lieu d'obéir simplement à toute force tendant à changer sa direction, par suite de la combinaison des deux mouvements simultanés, il se produit un déplacement de l'axe, en général beaucoup plus faible et d'une autre nature que celui que produirait cette force sur le même corps au repos.

Une des plus belles applications qui aient été faites de cette théorie est due à M. Foucault. Le *gyroscope* qui porte son nom est un disque pesant, dont l'axe est supporté par une suspension à la Cardan, de manière à pouvoir, quelle que soit la position de l'attache du système, conserver dans l'espace une direction constante. De sorte que si le disque est, au moyen d'un mécanisme spécial, mis en rotation rapide, on pourra faire subir à cette attache tous les déplacements possibles sans faire varier le plan dans lequel se meut le gyroscope. En supposant donc ce point d'attache fixé d'une manière relativement immobile, mais entraîné par le mouvement de la terre elle-même, le plan de rotation du disque seul ne participera pas entièrement à ce mouvement. Il sera bien, il est vrai, à moins d'être placé rigoureusement au pôle, entraîné dans le mouvement de translation général, mais il restera constamment parallèle à lui-même et semblera se déplacer par rapport aux objets environnants qui obéissent plus complètement que lui au mouvement de rotation du globe autour de ses pôles. Ainsi se trouve donc pris sur le fait et démontré *de visu* le mouvement de notre planète.

C'est en vertu du même principe que nous voyons se passer tous les jours, sous nos yeux, une foule de phénomènes avec lesquels nous sommes tellement familiarisés qu'ils ne nous frappent plus. Ainsi, c'est parce que le cerceau tend à rester dans son plan de rotation qu'il roule droit sans tomber ni dévier; c'est pour la même raison que les toupies tournent verticalement sur leur pointe ou, lorsqu'elles sont inclinées, décrivent une série de cercles concentriques; qu'un jongleur tient si facilement sur la pointe d'une baguette une assiette à laquelle il imprime adroitement un mouvement de rotation rapide, etc., etc.

C'est aussi grâce à cette propriété des corps tournants qu'on a pu se servir, dans l'artillerie, de projectiles cylindriques ou coniques. En effet, les rayures hélicoïdales du canon de l'arme faisant tourner très rapidement ces projectiles sur eux-mêmes, leur axe conserve une direction invariable pendant tout leur parcours et ils viennent frapper le but de leur pointe. Sans ce mouvement de

rotation ils pirouetteraient irrégulièrement dans l'espace, et, outre
que toute précision dans le tir serait impossible, la résistance de
l'air diminuerait leur portée dans une énorme proportion.

Le gyroscope, instrument aujourd'hui commun et familier à
tous les savants, n'en est pas moins l'objet d'un problème dont
on n'a pas encore trouvé la solution. On l'a en effet surnommé le
paradoxe de la mécanique; car, bien qu'il dépende de la gravitation, cette gravitation semble néanmoins lui être indifférente.

L'ÉLECTROPHORE PEIFFER.

Il nous paraît intéressant de signaler un charmant petit jouet,
qui obtient un très grand succès auprès des enfants, et qui a le
mérite incontestable de les initier de bonne heure à tous les principaux phénomènes de l'électricité statique, de leur apprendre
la physique en s'amusant. C'est un petit électrophore imaginé par
M. J. Peiffer, et réduit à un tel degré de simplicité, qu'il consiste uniquement en une mince plaque d'ébonite, de 1 millimètre d'épaisseur, et de la grandeur d'une grande feuille de papier
à lettres. Le disque de bois étamé de l'électrophore classique qui
se trouve décrit dans tous les traités de physique, est remplacé
par une petite feuille d'étain de la dimension d'une carte à jouer,
et collée sur une des faces de la plaque d'ébonite.

L'électrophore d'ébonite produit l'électricité avec une remarquable facilité. Vous le posez à plat sur une table de bois, vous
le frottez successivement sur ses deux faces avec la main bien
ouverte; si vous le soulevez en le tenant de la main gauche, et
si vous approchez la main droite de la feuille d'étain collée sur
une de ses faces, vous en ferez jaillir une étincelle de 1 à 2 centimètres de long.

L'électrophore d'ébonite est complété par une série de petits
pantins de sureau, qui permettent de manifester d'une façon
très amusante les phénomènes d'attraction ou de répulsion électriques. Electrisez le plateau d'ébonite, placez sur la feuille

d'étain les trois petits pantins de sureau qui se joignent à l'appareil, soulevez le plateau pour l'isoler de son appui. Voici un petit personnage qui lève les bras vers le ciel, en voici un second, dont les cheveux de soie se hérissent, en voilà un troisième plus léger que les autres qui s'élance comme un clown et qui s'échappe en voltigeant, avec les deux petites balles de sureau qui ont été également placées à côté de lui. Nous avons

Fig. 148. — Les pantins de sureau de l'électrophore d'ébonite de M. J. Peiffer (Page 215).

groupé en une seule figure les trois petits personnages, mais on les fait habituellement fonctionner isolément (fig. 148).

M. Peiffer a réuni dans une boîte tous les accessoires connus d'une machine électrique : une petite bouteille de Leyde en miniature, un carillon électrique, le pistolet de Volta, le carreau étincelant, un tube de Geissler, etc.; toutes ces expériences sont réduites à leur plus simple expression et les appareils qu'elles nécessitent tiennent dans un boîte de carton; ils sont rangés à côté de l'électrophore d'ébonite qui se trouve ainsi rem-

placer une machine électrique encombrante et d'un fonctionnement délicat.

M. J. Peiffer complète enfin son petit cabinet portatif de
physique électrique par une brochure très substantielle qui sert

Fig. 149. — Petit bateau à vapeur atmosphérique (Page 218).

de guide au jeune physicien et lui enseigne les premières notions
de la science.

« Il est facile de comprendre, dit M. Peiffer dans sa préface,
combien on peut et combien on doit, pour l'instruction de l'en-

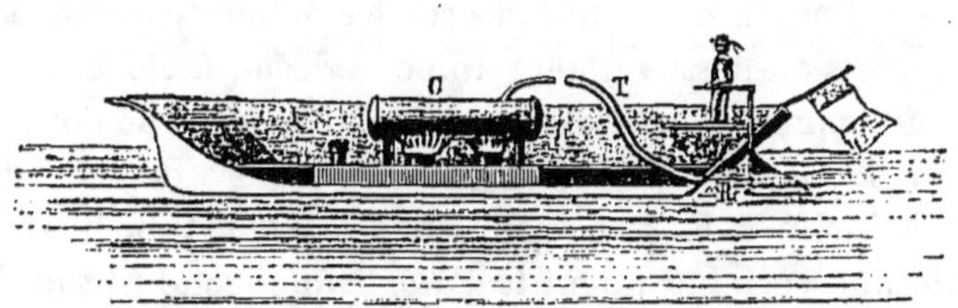

Fig. 150. — Le même représenté en coupe (Page 218).

fant, tirer parti de ses facultés naissantes. Voulez-vous les utiliser fructueusement? Mettez-lui entre les mains les jouets qui,
sous une forme attrayante, le familiarisent de bonne heure et
sans fatigue avec des sciences dont plus tard la connaissance
lui sera absolument indispensable, et cela en l'amusant bien
plus qu'avec des joujoux qui depuis si longtemps sont toujours
les mêmes. »

Voilà de bonnes et saines paroles auxquelles nous nous associons pleinement. Oui, la science bien comprise, bien enseignée, peut être mise à la portée de l'enfance, elle doit animer les jouets, et servir à la culture des jeunes intelligences, comme plus tard elle contribue à assurer le développement des travaux de l'homme fait.

Après avoir décrit la toupie magique et l'électrophore, nous allons signaler deux ingénieux appareils dus à un habile constructeur, M. Salleron.

PETIT BATEAU A VAPEUR ATMOSPHÉRIQUE.

Ce petit bateau (fig. 149), qui a les proportions d'un jouet d'enfant, est une application très ingénieuse, sinon très pratique, de la légèreté spécifique de l'air agissant comme force propulsive. La vapeur n'y joue en réalité qu'un rôle secondaire, qui consiste à entraîner par aspiration l'air destiné à faire mouvoir le bateau. L'appareil représenté en coupe (fig. 150) est, comme on peut en juger, d'une extrême simplicité. Une petite chaudière cylindrique C, surmontée d'un tube à orifice capillaire, est posée sur deux supports au-dessus d'une lampe à alcool, de telle sorte que le bec par lequel sort la vapeur se trouve en face de l'ouverture du tuyau T. Ce tuyau va déboucher à l'arrière du bateau sous une rigole inclinée R. La vapeur chassée par le tube T entraîne avec elle une certaine quantité d'air, lequel, conduit sous l'eau, remonte le long du plan incliné que forme le fond de la rigole, pousse le bateau en avant et sort de l'eau en bouillonnant. Le navire prend aussitôt une vitesse considérable en laissant derrière lui un long sillage.

On le voit, il n'est ici aucun organe mécanique susceptible d'absorber de la force vive ni de diminuer l'action de la vapeur en déterminant sa condensation.

Calculons maintenant la force engendrée par cet appareil. On sait qu'un litre d'eau porté à l'ébullition donne 1,700 fois son

volume, ou 1,700 litres de vapeur en consommant 166 grammes
de houille. La vapeur, en sortant par l'orifice de la chaudière
avec une vitesse considérable, entraîne au moins 10 fois son volume, ou 17,000 litres d'air, qui, chassés dans l'eau, y prennent
une force ascensionnelle égale à la différence des densités de
l'eau et de l'air, ou, à peu de chose près, au poids de l'eau dé-
placée (principe d'Archimède). Donc dans un litre d'eau trans-
formé en 1,700 litres de vapeur, lesquels entraînent dans l'eau
$1,700 \times 10 = 17,000$ litres d'air, on développe une force représentée par 34,000 kilogrammes qui n'a coûté que 166 grammes de charbon.

A la vérité, en raison de la position inclinée de la rigole sur
laquelle agit la pression de l'air et des dimensions restreintes
qu'on peut lui donner, la quantité de force employée à la pro-
pulsion du bateau n'est qu'une fraction de la force totale produite. La résistance de traction augmente d'ailleurs avec la
grandeur du navire, et les dimensions du plan incliné ne peuvent être indéfiniment augmentées ; il en résulte que l'action
propulsive réelle est bientôt suffisante, de sorte que l'invention
n'est pas, dans son état actuel, applicable sur une grande échelle
à la navigation. Sa supériorité sur la machine à vapeur n'est
donc pas démontrée ; aussi ne parlons-nous du petit bateau
atmosphérique que pour prouver expérimentalement qu'il est
possible d'obtenir, au moyen de générateurs peu puissants et
d'appareils mécaniques extrêmement simples, des effets dyna-
miques d'une grande énergie et susceptibles de rendre plus de
service qu'on ne le croit communément.

FONTAINE DE CIRCULATION.

L'appareil ci-après (fig. 151) permet d'exécuter une expérience
très élégante montrant l'influence que la capillarité peut exercer
sur les mouvements des liquides. Deux boules de verre BB′ communiquent ensemble par deux tubes : l'un droit et d'un assez

grand diamètre, l'autre très délié et formant des méandres plus ou moins compliqués. Le gros tube pénètre dans la boule B' et se relève en une pointe effilée J qui vient affleurer l'orifice du tube mince. Cette même boule porte à sa partie inférieure une tubu-lure qui se ferme avec un bouchon et par la-quelle on y verse un liquide coloré. L'appareil est fixé sur une planche munie à ses deux ex-trémités d'anneaux par lesquels on l'accroche au mur. Pour faire l'expérience, on le sus-pend de telle sorte que la boule B' soit en haut. Le liquide s'écoule sans présenter aucun phénomène remarquable, et se rassemble dans le tube B. Lorsqu'il est en repos, on retourne l'appareil. Le liquide redescend alors avec vi-tesse, jaillit par le bec effilé J et monte dans le tube contourné ; mais l'air déplacé de la boule B' monte aussi, se mélange avec le liquide et l'on voit circuler dans tous les contours une série de bulles d'air qui alternent avec des gouttelettes liquides et transmettent de proche en proche la pression de la colonne contenue dans la boule supérieure et dans le tube droit; si bien que, par un phénomène analogue à ce-lui qui se passe dans la fontaine de Héron, le liquide s'élève plus haut que le niveau du ré-servoir et qu'il en revient tomber une partie dans la boule supérieure B, ce qui fait durer l'expérience plus longtemps. Cette circulation de bulle d'air et de gouttes colorées dans les circuits capricieux de l'appareil est du plus joli effet.

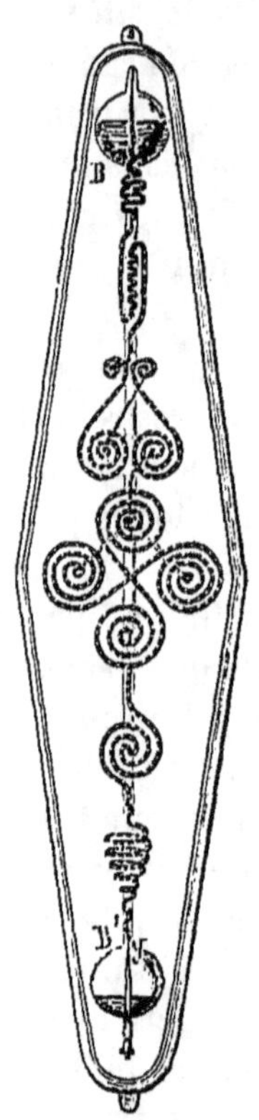

Fig. 151. — Fontaine de circulation (Page 219).

Les expériences relatives aux mouvements des liquides étaient autrefois très souvent exécutées par les physiciens, surtout en ce qui concerne les jets d'eau et leurs variantes. Nous dirons ici quelques mots d'une expérience très connue qui consiste à pla-cer à l'extrémité d'un jet d'eau, un petit personnage façonné

à cet effet et dont la partie inférieure se termine par une concavité qui lui permet de séjourner à la partie supérieure du jet
liquide. On peut encore le remplacer par la coquille d'un œuf
vide. Les fabricants spéciaux confectionnent aussi des tubes particuliers qui permettent de varier la forme des jets d'eau, de
leur donner l'aspect de gerbes plus ou moins abondantes, ou de

Fig. 152. — Expérience des poissons magiques mis en mouvement par l'électricité (Page 222).

les faire écouler, à travers des ouvertures minces, de telle
manière que l'eau prend l'aspect d'une véritable lame liquide.
Avec un peu d'habileté, il n'est pas impossible de construire
soi-même des systèmes de ce genre, qui offrent beaucoup d'attrait.

LES POISSONS MAGIQUES.

Un ingénieux physicien, M. de Combettes, ingénieur civil à

Paris, s'est attaché à construire un grand nombre de jouets et appareils scientifiques à l'usage de la jeunesse, parmi lesquels nous signalerons la curieuse expérience que nous représentons ci-contre.

Un bocal cylindrique rempli d'eau tient en suspension des poissons de fer blanc, analogues à ceux que les enfants promènent à la surface de l'eau à l'aide d'un aimant. Mais ici le mécanisme est caché ; à la volonté de l'opérateur, les poissons accomplissent un mouvement de rotation, tantôt dans un sens, tantôt dans un autre. Le secret de cette expérience s'explique facilement de lui-même par la figure 152.

Dans le socle de bois qui supporte le bocal est caché un petit moteur magnéto-électrique qui agit sur le fer doux dont les poissons-flotteurs sont munis. Quand on fait passer le courant, le petit moteur de M. de Combettes se met à tourner et entraîne avec lui les petits poissons qui nagent dans le liquide. Le mouvement giratoire est changé à volonté, à l'aide d'un commutateur.

Nous avons vu fonctionner cet appareil dont le mécanisme produit une illusion très intéressante.

TIRELIRE AMÉRICAINE.

Lors d'un récent voyage à Londres en me promenant dans le *Sydenham Palace*, mon attention s'est arrêtée sur une singulière tirelire surmontée d'une boîte où se voyait un tableau analogue à ceux qui se construisent au-dessus des horloges à musique. Ce tableau représentait une des rues de Londres. Les voitures et les passants étaient représentés en découpures saillantes de carton, placées sur une rainure. Une pancarte très visible portait cette inscription :

Avis aux visiteurs. Jetez une pièce de deux sous dans la tirelire, et le tableau mécanique fonctionnera.

Je me rendis à cette invitation. Je laissai tomber une pièce de deux pennys dans la tirelire, et aussitôt je vis les cabs du petit tableau mécanique glisser dans la rainure et les passants se mouvoir dans la rue. Un grand nombre de visiteurs imitaient cet exemple, et il n'était pas douteux que la tirelire était pleine à la fin de la journée. Ce moyen ingénieux de faire, sans grands frais et sans le concours d'aucun employé, une recette assez importante, me paraît assez habile pour mériter une description.

Le *Scientific American* de New-York a récemment donné l'explication de ce curieux mécanisme fort usité aussi dans les expositions de l'autre côté de l'Atlantique. Nous reproduisons ce qu'il a publié à ce sujet.

« Parmi les inventions qui avaient pour but de soutirer des pièces de monnaie aux visiteurs de l'Exposition de Philadelphie, dit le rédacteur américain, nous signalerons les singulières tirelires que l'inventeur plaçait dans les salons des principaux hôtels, dans les galeries de l'Exposition, etc. Ces appareils consistaient tous en une caisse munie d'une vitre, à travers laquelle on pouvait voir une campagne en miniature, avec des arbres, des maisons, des promeneurs, le tout confectionné en carton et peint avec beaucoup de soin. Sur la boîte était une étiquette, priant le visiteur de laisser tomber dans la tirelire une pièce de cinq cents, et de voir ce qui résulterait de cette introduction. Quand la pièce était tombée, elle faisait agir aussitôt les rouages d'un mécanisme caché ; on voyait alors les petits personnages du tableau se mettre en mouvement, exécuter une course à cheval, une chasse au renard, etc. Une autre tirelire perfectionnée avait encore plus de succès : la boîte supérieure pouvait laisser tomber d'elle-même entre les mains du visiteur un portrait-carte photographique, donnant l'image d'un personnage célèbre. Mais, pour obtenir cette photographie, il fallait, suivant l'avis, jeter dans la tirelire un certain nombre de cinq cents. La carte ne pouvait sortir qu'après l'introduction du nombre requis de pièces de monnaie, et l'appareil, on doit le dire, était d'une loyauté automatique. »

La figure 153 montre la disposition fort simple de ce système. A gauche, on voit l'appareil tel qu'il est exposé ; à droite, il est représenté en coupe longitudinale.

Au sommet de la caisse inférieure ou du récipient des pièces
de monnaie, est une colonne creuse A, qui soutient la boîte dans
laquelle les cartes photographiques sont placées sur un plan incliné, et s'appuient contre une glace. Les pièces de monnaie, en
tombant, frappent l'extrémité d'un balancier vertical, qui tourne

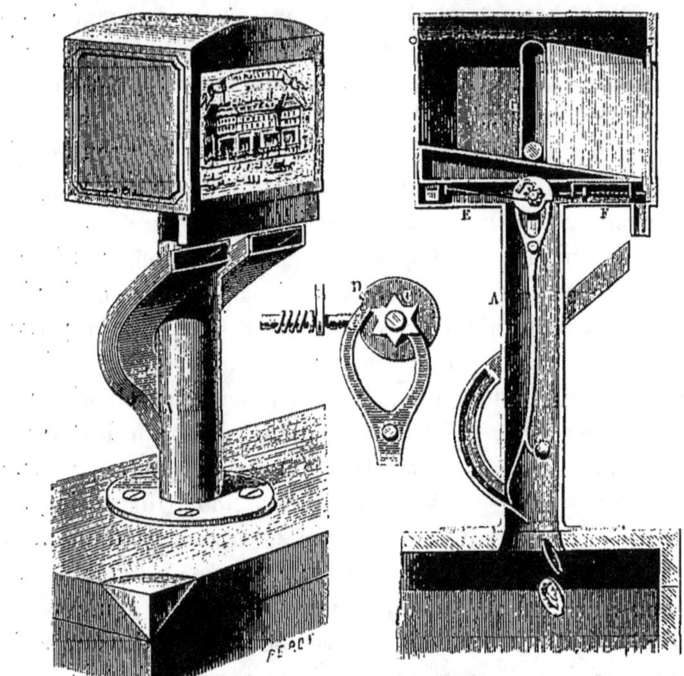

Fig. 153. — Tirelire américaine (Page 223).

aussitôt sur un axe et imprime un mouvement de rotation à une
roue dentée C (voy. le détail du mécanisme). La roue C a autant
d'entailles qu'il faut de pièces de monnaie pour provoquer la
chute d'une carte. Sur l'arbre de la roue d'échappement est une
roue à rochet et un limaçon D; cet arbre est mû par une corde
enroulée autour de lui et se rattachant un ressort E. Un verrou F, sollicité par un ressort, vient constamment appuyer contre

Fig. 151. — Bijoux électriques de M. Trouvé. (Page 227.

le limaçon **D**. De sorte qu'à chaque révolution de la roue ou du limaçon, puisque ces deux pièces sont animées du même mouvement, le verrou en tombant dans l'entaille du limaçon se retire suffisamment pour permettre à la première carte de tomber, la carte suivante restant sur le verrou. Pour introduire les cartes, on soulève, puis on referme le couvercle du récipient. Placées sur un plan incliné, elles sont toujours poussées en avant par un châssis mobile **G**, ayant un rouleau à sa base. De la sorte, à mesure que la rétrogradation du verrou permet à une carte de tomber, une autre vient la remplacer tout près de la vitre.

On remarquera que la roue d'échappement a six entailles. Comme une pièce de monnaie ne soulève le balancier qu'une fois, il est évident qu'il faut introduire six pièces de monnaie pour que la roue opère une révolution complète et que le verrou se retire une fois. On peut faire à la roue plus ou moins d'entailles, au gré de l'inventeur ; il est clair que par ce moyen on est sûr de se faire payer le prix exigé pour chaque carte.

L'invention n'est pas seulement un objet futile ; elle peut être utilisée pour distribuer des annonces, pour vendre des journaux que l'on pourrait introduire dans la boîte après les avoir pliés uniformément. On pourrait aussi s'en servir pour les péages des voitures circulant sur de grandes routes ; chaque personne recevant un billet le remettrait au conducteur.

BIJOUX ÉLECTRIQUES ANIMÉS. — JOUETS DIVERS.

M. Trouvé a su tirer un ingénieux parti de l'électricité pour en obtenir des effets nouveaux et souvent imprévus. Nous parlerons à nos lecteurs des charmants bijoux électriques qui lui sont dus. Décrivons-en quelques-uns.

La tête de mort placée à droite de l'oiseau sur notre figure 154 (page 225) est en or avec peinture sur émail, elle a des yeux en diamant et une mâchoire articulée. C'est un bijou qui se porte à la cravate.

Le lapin, aussi d'or, placé à la gauche de l'oiseau, est assis sur sa queue et tient dans ses pattes de devant deux petites baguettes, avec lesquelles il exécute un roulement sur un timbre microscopique d'or. Encore un bijou de cravate.

Un fil conducteur invisible relie l'objet avec la petite pile hermétique de la grosseur d'une cigarette et qui se cache dans la poche du gilet (fig. 155). Supposez que vous portiez un de ces bijoux sous le menton, si quelqu'un y jette les yeux, vous glissez un doigt dans la poche de votre gilet, vous faites fonctionner la pile, aussitôt la tête de mort roule des yeux étincelants et grince des dents, ou bien le lapin se met à travailler comme un timbalier de l'Opéra.

La pièce capitale, l'oiseau en diamant que nous avons associé dans notre gravure avec la tête de mort et le lapin, n'est plus un bijou de cravate, mais une riche parure animée (fig. 154).

Cet objet d'art appartient à Mme. de Metternich. Quand une dame le porte dans sa chevelure, elle peut à volonté faire battre des ailes à l'oiseau de diamant, par l'intermédiaire d'un fil caché, que personne ne peut voir.

Nous devons à présent donner une courte description de la pile hermétique qui met en action les bijoux dont nous venons de présenter un aperçu, et que M. Trouvé a appliquée à un grand nombre d'appareils spéciaux dont se servent tous nos médecins.

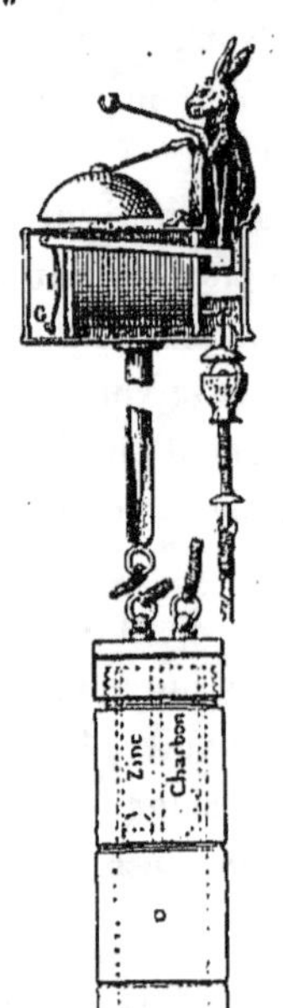

Fig. 155.—Coupe d'un bijou électrique et de la pile qui le met en mouvement.

Cette pile est formée d'un couple de zinc et de charbon renfermé dans un étui de caoutchouc durci (ébonite), fermant hermétiquement. Le zinc et le charbon n'occupent que la moitié supérieure de l'étui ; l'autre moitié contient le liquide excitateur.

Tant que l'étui conserve sa position naturelle, le couvercle en haut, le fond en bas, l'élément ne plonge pas dans le liquide ; il n'y a pas production d'électricité, ni dépense par conséquent

Mais dès que l'étui est renversé ou placé horizontalement, la
réaction chimique qui engendre le courant a lieu, et se continue
tant que l'étui conserve cette position : au contraire, en redres-
sant la pile, toute fonction cesse.

Nous avons eu l'occasion de visiter un jour une grande fa-

Fig. 156. — Spirale de papier mise en rotation à l'aide d'un écran. (Page 230.)

brique de jouets (il en existe quelques-unes à Paris qui ont l'importance d'établissements industriels), nous en sommes sorti tout
rempli d'admiration pour ces artistes ignorés, ces inventeurs ingénieux et obscurs, qui confectionnent les poupées parlantes,
façonnent les lapins savants et construisent ces innombrables
objets qui ont toujours le privilège de faire la joie des enfants.
Voici la drescription de quelques-uns d'entre eux.

La figure 156 représente une hélice de papier mousseline très léger, montée sur un châssis et un cadre circulaire également confectionnés avec un papier très mince. Cette hélice peut être maintenue en l'air sous l'influence d'un courant d'air ascendant habilement produit par un petit écran. Le système se met alors à tourner rapidement.

De très jolis jouets consistent encore en petits appareils méca-

Fig. 157. — Vélocipède mû par un ressort en caoutchouc. (Page 230.)

niques, mis en mouvement par des ressorts de caoutchouc. Le vélocipédiste de la figure 157 tourne autour d'un pivot central, quand on a tendu préalablement par torsion le ruban de caoutchouc auquel il se trouve adapté comme le montre notre dessin. Il y a là un exemple intéressant de l'emmagasinement de la force par un ressort.

Le *poisson-nageur* (fig. 158), qui se meut, dans l'eau, d'une façon très curieuse, par le mouvement de va-et-vient de sa queue, fonctionne d'après le même principe. On tourne le ressort de caoutchouc pour le faire marcher ; mais ici, le caoutchouc est adapté à une roue dentée qui, à la façon d'un échappement d'horlogerie, imprime un mouvement de va-et-vient à la queue mobile autour d'un axe. Ces détails de construction sont utiles à examiner ; il faudrait les faire connaître et les expliquer aux enfants, qui sont curieux naturellement, et qui n'ont pas toujours tort de casser leurs jouets pour *voir ce qu'il y a dedans*. Ce sont

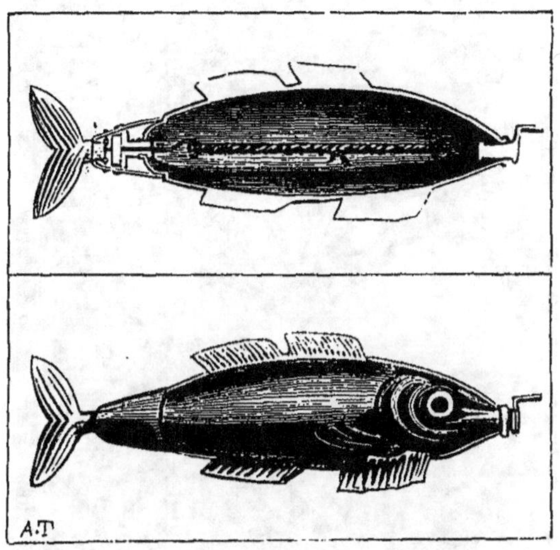

Fig. 158. — Poisson-nageur, et détail du mécanisme. (Page 230.)

parfois alors de petits savants, qui ont recours à la méthode expérimentale et qui *font l'analyse* de l'objet qu'ils veulent étudier. Il ne resterait plus qu'à leur apprendre à en *faire la synthèse*, c'est-à-dire à le reconstituer à l'aide de ses différentes parties séparées.

A défaut de jouets tout fabriqués, il est facile de divertir la jeunesse à l'aide de bien des objets usuels, comme on l'a vu précédemment dans le chapitre de la *Physique sans appareils*. Voici par exemple une amusante manière de déboucher une bouteille.

Vous prenez une bouteille de vin, de bière, etc., bien bouchée ;
à l'aide d'une serviette vous formez un tampon que vous appli-
quez avec la main à la partie inférieure de la bouteille. Vous
frappez fort et à coups redoublés contre un mur ; en vertu du
principe de l'inertie, le liquide chasse le bouchon, quelquefois

Fig. 159. — Curieuse manière de déboucher une bouteille. (Page 232.)

même, s'il s'agit de bière ou d'eau gazeuse surtout, avec tant de
force, qu'une partie du liquide jaillit en même temps, et à la
joie de l'opérateur, inonde les curieux spectateurs.

A Saint-Galmier, on nous a affirmé qu'il n'était pas rare de
voir, dans les hôtels de la localité, les garçons déboucher ainsi les
bouteilles d'eau gazeuse, en les frappant verticalement de haut
en bas contre le plancher. De même que M. Jourdain faisait de

la prose sans le savoir, ils ne se doutent assurément pas qu'ils démontrent ainsi un principe de physique.

Voici le moyen de faire entendre une montre à l'aide d'une paire de pincettes (fig. 160), il suffit de pincer la montre à l'extrémité de la pincette, et de placer la poignée supérieure contre

Fig. 160. — Le tic-tac d'une montre entendu à l'extrémité d'une paire de pincettes. (Page 233.

l'oreille ; le tic-tac s'entendra aussi distinctement que si la montre était appuyée elle-même sur votre oreille. Si vous retirez la pincette en laissant la montre à la même place, vous vous rendrez compte, par la différence de l'audition, de l'excellente conductibilité des métaux pour le son. Cette récréation qui termine le présent chapitre est une variante de celles que nous avons précédemment publiées sur le même sujet.

CHAPITRE VII

LA MAISON D'UN AMATEUR DE SCIENCES

Au commencement du dix-septième siècle, il existait à Lyon une maison remarquable, construite par un homme d'un haut mérite, Nicolas Grollier de Servière, et toute remplie des plus remarquables curiosités scientifiques de l'époque. M. de Servière appartenait à une des plus anciennes familles de la province : son grand oncle, Jean Grollier, vicomte d'Aguisy, avait constitué sous le règne de François Ier la plus belle bibliothèque qui fût en France ; son père, Antoine Grollier, baron de Servière, s'était fait connaître par son dévouement au roi Henri IV et par la distinction de son esprit. M. de Servière avait hérité de la fortune et de l'intelligence de ses ancêtres ; après une brillante carrière militaire, il consacra toutes les ressources de son esprit à organiser une maison modèle, où se trouvaient réunis les appareils les plus ingénieux, où l'on voyait des galeries toutes remplies de modèles de machines ingénieuses, d'horloges remarquables et de systèmes propres à assurer le confortable et la commodité de la vie domestique. Le cabinet de M. de Servière acquit une grande réputation dans toute la France et la description en fut publiée plus tard d'une façon complète par son petit-fils [1].

[1] *Description du cabinet de M. Grollier de Servière.* — 1 vol. in-4° avec des figures en taille-douce. — A Lyon, 1719.

« L'on voit dans ce cabinet, dit l'auteur de cet intéressant ouvrage, plusieurs pièces de tour en ivoire qui sont des chefs-d'œuvre inimitables de l'art; des horloges extraordinaires, des machines de différentes espèces, pour des élévations d'eau, pour

Fig. 161. — Le pupitre de M. de Servière. (Page 235.)

la construction des ponts, et enfin pour tout ce qui peut être utile et commode au public ou aux particuliers. »

Si l'on veut se rendre compte de l'ingéniosité de M. de Servière dans ce dernier sens, il suffira de donner la description du pupitre qu'il fit construire (fig. 161), et où des tablettes différentes disposées sur la circonférence d'une grande roue supportaient les livres ou les papiers de différente nature.

« Avant que de travailler, vous rangez sur les pupitres tous les livres dont vous jugez que vous aurez besoin. Ensuite, vous étant placé dans le fauteuil, vous lisez le livre qui se présente d'abord à vous ; lorsque vous en voulez un autre, vous le faites facilement venir à la place du premier, en tournant la grande roue avec les mains. »

En lisant cette description du curieux cabinet de M. de Servière, l'idée nous est venue d'en composer un semblable, et de réunir ici quelques-uns des objets pratiques et utiles que l'on pourrait grouper dans la maison d'un amateur de sciences à notre époque.

Nous commencerons par décrire quelques appareils relatifs au travail du bureau.

<h3 style="text-align:center">LA MACHINE A ÉCRIRE.</h3>

Cette machine, aussi remarquable par la simplicité de son mécanisme que par la facilité et la rapidité de son emploi, a été construite par Remington, l'ingénieur américain bien connu, auquel on doit le fusil qui porte son nom. Elle se confectionne dans la grande fabrique que cet habile inventeur a organisée pour la fabrication des fusils et des machines à coudre.

La machine à écrire comprend d'abord un clavier dont on a représenté la disposition sur la figure 162. Quarante-quatre touches portent nettement gravés : 1° les chiffres de 2 à 9, l'ı et l'o remplacent le 1 et le zéro ; 2° les lettres de l'alphabet, disposées dans un ordre combiné pour faciliter le maniement de l'appareil ; 3° les accents aigu, grave, circonflexe, d'interrogation, le tréma, l'apostrophe et la cédille. A la partie inférieure du clavier est une règle de bois sur laquelle on doit frapper pour obtenir la séparation d'un mot à l'autre.

Dans l'intérieur de l'appareil, chacune des lettres qui doit s'imprimer sur le papier est soudée à l'extrémité d'un petit marteau métallique. Les 44 marteaux correspondant, par l'intermédiaire de tiges et de leviers articulés, aux 44 touches du clavier, sont disposées autour de la circonférence d'un même cercle.

Fig. 162. — Machine à écrire américaine (1/4 de grandeur d'exécution). (Page 236.)

Si l'on pose le doigt, par exemple, sur la touche **A** du clavier, le marteau intérieur portant la lettre **A** est soulevé, la lettre est ainsi élevée jusqu'au centre du cercle. Par suite de leur disposition circulaire, toutes les lettres sont amenées, par le contact de leurs touches correspondantes, au centre du cercle, c'est-à-dire au même point.

Le papier sur lequel on veut écrire est placé, comme l'indique notre gravure, autour d'un cylindre monté sur un chariot que l'on voit à la partie supérieure de l'appareil.

La lettre soulevée par la légère pression du doigt sur la touche correspondante vient frapper le papier appliqué contre le cylindre, mais entre cette lettre et le papier se trouve interposé un ruban imbibé d'une encre spéciale. La lettre, en relief, comme les caractères typographiques, agit à la façon d'un coin, et s'imprime, puisqu'elle n'établit une pression de ruban encré sur le papier, que suivant son relief.

Le chariot porteur du papier est monté sur des roulettes qui glissent dans les rainures. Par l'intermédiaire d'une cordelette, il tend toujours à être entraîné de droite à gauche sous l'influence d'un ressort qui le commande. Il ne reste immobile que parce qu'il est retenu par un taquet logé dans une crémaillère qui lui est adaptée à la partie postérieure.

Au moment où une lettre s'imprime, la crémaillère est déclanchée, le chariot sollicité par le ressort se déplace aussitôt de droite à gauche, et d'une très petite longueur, précisément égale à la largeur d'une lettre. La lettre suivante peut donc venir s'imprimer à côté de celle qui vient d'être soulevée. Toutes les lettres sont soudées de telle façon, que leur axe est orienté vers le centre commun où elles sont animées; elles s'impriment successivement les unes à côté des autres. Le chariot porteur du papier se déplace au fur et à mesure de leur contact et de leur impression. Quand il arrive à l'extrémité de sa course, c'est-à-dire quand la ligne est terminée, un petit timbre se fait entendre et avertit le manipulateur. Celui-ci abaisse un levier placé à la droite de l'appareil. Ce levier, par l'intermédiaire d'une cordelette, fait glisser le chariot dans sa rainure, et le ramène à la droite du système dans sa position primitive. Pendant le trajet, qui s'exécute très promptement, grâce à un mécanisme très simple, un mouvement

La Mécanique des Jouets.

de rotation est imprimé au cylindre ; il tourne sur son axe avec le papier qu'il soutient, sa surface se déplace d'une longueur égale à celle qui doit séparer une ligne de la suivante.

En définitive, l'opération consiste à toucher des doigts, les deux mains devant servir à la fois, les touches dont on veut successivement imprimer les lettres.

Entre chaque mot, on doit frapper la règle inférieure du clavier qui laisse en blanc sur le papier l'intervalle qui les sépare. Aussitôt que l'on entend la sonnerie, il faut abaisser le levier placé à droite de l'instrument. Si le mot que l'on est en ce moment en train d'écrire n'est pas terminé, on peut tracer encore une ou deux lettres pour le finir, ou s'il est trop long, mettre le doigt sur le trait d'union, qui permet de continuer le mot à la ligne suivante.

Le papier sur lequel on écrit ne peut pas dépasser en largeur la hauteur du cylindre qui l'entraîne. Mais il peut avoir une largeur inférieure ; une enveloppe, une carte postale, etc., s'adaptent très bien autour du cylindre, grâce à l'emploi d'une pièce métallique mobile qui leur sert de guide. Si la largeur du papier est limitée, sa longueur ne l'est pas, et l'écriture pourrait être imprimée sur un papier sans fin.

Le cylindre du chariot est formé d'une pâte de gutta-percha assez dure, qui facilite la bonne impression des lettres.

Il est à présent nécessaire, pour compléter notre description, de parler du mécanisme qui concerne le ruban imbibé d'encre. Ce ruban qui est, comme nous l'avons dit, placé au-dessous du papier, et contre lequel vient frapper la lettre soulevée par la touche, suit le chariot dans son mouvement ; il se déroule constamment, de telle façon que deux lettres successives ne le frappent jamais au même point. En se déroulant ainsi, le ruban passe d'un encrier de droite dans un encrier de gauche, identique au premier. Quand il s'est déroulé entièrement, il suffit de changer la disposition d'une vis pour lui faire faire une marche en sens inverse, c'est-à-dire pour le faire passer de l'encrier de droite dans celui de gauche. Le déroulement du ruban en un mouvement alter-.

natif de droite à gauche et de gauche à droite, peut en quelque
sorte s'opérer indéfiniment.

L'impression est faite avec de l'encre à copier; on peut prendre
deux ou trois empreintes de la page écrite, à la presse à copier.

Sur le devant de l'appareil est une échelle graduée, le long de
laquelle glisse le chariot. Elle sert à prendre des points de repère
pour le cas où l'on aurait à faire des colonnes de chiffres, etc.

L'écriture tracée par cette ingénieuse machine est analogue

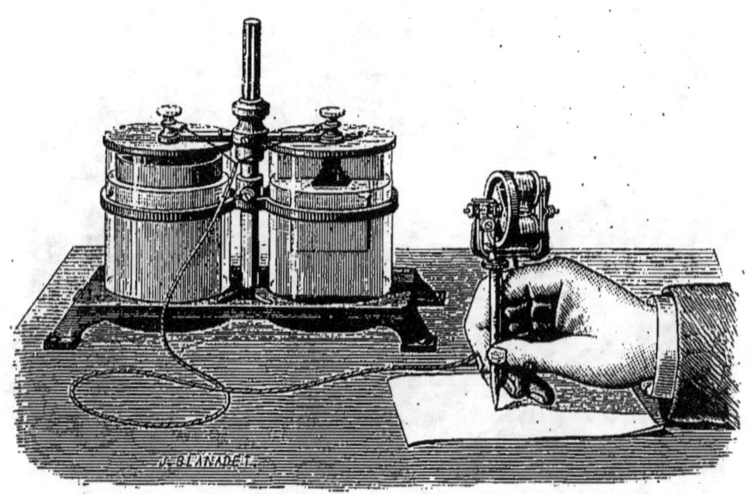

Fig. 163. — Plume électrique d'Edison, avec sa pile. (Page 242.)

à celle que l'on obtient en typographie avec les lettres dites *ca-
pitales*.

Pour écrire vite avec la machine, il faut s'exercer patiemment
pendant quelques jours à bien connaître le clavier, afin de n'a-
voir plus à chercher les lettres.

Au bout de deux ou trois jours de travail, on commence déjà à
se servir de l'appareil sans difficulté; quinze jours suffisent pour
arriver à écrire avec la vitesse ordinaire de la plume. Enfin, après
un plus long usage, on dépasse de beaucoup cette vitesse. J'ai vu

une jeune demoiselle anglaise qui arrivait, avec la machine américaine, à tracer plus de 90 mots à la minute. Si le lecteur veut faire l'expérience, il pourra s'assurer qu'avec la plume il n'est guère possible d'écrire lisiblement plus de 40 mots dans cet espace de temps.

La machine à écrire offre donc cet avantage de pouvoir gagner beaucoup de temps en ce qui concerne le mécanisme matériel de

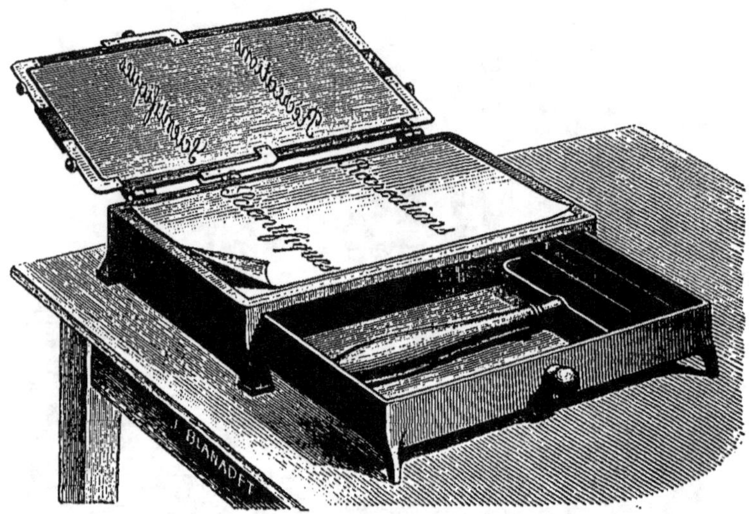

Fig. 164. — Presse destinée au tirage des épreuves. (Page 243.)

l'écriture. Son emploi ne tardera pas à se généraliser dans les bureaux et les administrations.

Elle est en outre d'un usage très précieux pour les personnes qui ont une écriture peu lisible et disgracieuse, et pour celles qui ont la crampe de l'écrivain.

Elle se signale enfin comme un véritable bienfait pour les aveugles, qui arrivent à s'en servir promptement, comme l'ont prouvé déjà un grand nombre d'exemples en Angleterre et aux États-Unis. Pour tous ceux qui s'intéressent aux progrès de la mécanique et aux appareils ingénieux, elle sera d'un très agréable emploi.

LA PLUME ÉLECTRIQUE.

Cet appareil permet de tracer sur le papier un trait discontinu formé de petits trous très rapprochés percés dans le papier. Ces trous sont faits par une pointe d'acier très fine, qui alternativement sort et rentre dans un tube qu'on tient à la main, et qui ressemble à un porte-crayon de métal. Cette pointe est animée d'un mouvement de va-et-vient très rapide ; elle fait 180 battements par seconde quand l'appareil tourne vide. Grâce à des conditions de rapidité très grande et de mouvement très peu étendu, la plume peut être promenée sur le papier avec une certaine vitesse. On n'écrit pas aussi vite qu'avec les plumes ordinaires, mais on écrit à peu près comme un calligraphe qui s'appliquerait beaucoup et voudrait faire de belles grandes lettres moulées.

Le mouvement alternatif est donné à la plume par un petit électro-moteur fort ingénieux et simple, qui est placé au haut du porte-plume ; la figure 163 le représente dans sa physionomie générale.

La pointe est au bout inférieur d'une tige qui traverse le porte-plume et qui se termine à son extrémité supérieure en une fourchette embrassant un excentrique monté sur l'axe du moteur. Cet excentrique est à trois cames, et il suffit de 60 révolutions de l'axe par seconde pour produire les 180 battements dont nous avons parlé tout à l'heure. Cet axe porte une plaquette de fer doux, fonctionnant comme armature mobile d'un électro-aimant fixé, devant lequel elle tourne avec rapidité par l'action d'un commutateur très simple, qui interrompt le courant deux fois par révolution. Un volant annulaire, relativement lourd, embrasse cette armature qui en occupe un diamètre ; il sert à donner une grande régularité et continuité au mouvement de l'axe.

Le courant électrique qui donne la vie à ce petit appareil est fourni par une pile de deux éléments au bichromate de potasse qui a été étudiée avec soin par M. Edison, et dont la disposition est heureuse. Les couvercles des deux éléments sont formés de plateaux d'ébonite (caoutchouc durci) reliés à une pièce métallique centrale qui glisse sur une tige verticale. Les couvercles portent les deux électrodes, charbon et zinc. Quand on emploie la plume, on plonge les électrodes dans les liquides; la figure 163 montre la pile dans cette position. Quand on cesse d'écrire, on relève la pièce centrale, on l'accroche à la partie supérieure de la tige qui lui sert de guide et on préserve ainsi les électrodes du contact des liquides et par suite le zinc de l'usure inutile.

Grâce à cette précaution la pile peut fonctionner quatre jours sans entretien aucun, c'est-à-dire sans renouvellement de liquide, et les zincs peuvent suffire à un travail de plusieurs semaines. Nous n'avons pas besoin de dire que ces durées n'ont rien d'absolu et qu'elles dépendent de l'activité plus ou moins grande du travail imposé à la pile.

Tel est l'appareil dans sa simplicité; venons maintenant à son objet et à son utilité.

Au moyen de la plume électrique, avons-nous dit, on obtient sur le papier une écriture formée d'un grand nombre de petits trous voisins les uns des autres. Cette écriture n'est que difficilement lisible par réflexion, c'est-à-dire de la manière habituelle pour l'écriture ordinaire. Elle est un peu plus lisible par transparence; mais sous ces deux formes elle serait fort pénible, sans présenter d'ailleurs aucun avantage en compensation. Mais il faut considérer ce papier perforé comme un *négatif* au moyen duquel on peut obtenir un grand nombre d'*épreuves positives* ou de copies du texte ou dessin tracé à la pointe. Pour obtenir ces épreuves, on fait usage d'une presse que représente la figure 164. Dans le couvercle qui est indiqué à gauche, on place le *négatif;* il est maintenu tout autour par des ressorts très faciles à manœuvrer.

Sur le corps de la presse on place une feuille de papier blanc, on rabat le couvercle; le négatif s'applique sur le papier blanc. Au moyen du rouleau à manche représenté à droite, on étale du noir sur le négatif; l'encre pénètre au travers de tous les trous jusqu'à la feuille blanche qui est dessous. On relève le couvercle et l'épreuve est obtenue.

Cette copie, dit M. Niaudet auquel nous empruntons ces renseignements, a un aspect particulier ; l'écriture n'a ni traits ni déliés. Pour qu'elle soit bien lisible il faut qu'on ait écrit un peu gros. Cependant avec un peu d'habitude et quelques artifices fort simples on obtient toute espèce de dessins, on copie de la musique avec les blanches et les noires parfaitement reproduites.

Le même négatif peut servir à produire successivement un grand nombre d'épreuves : on assure qu'on peut aller jusqu'à mille et au delà. Des personnes habituées à ce travail peuvent, dit-on, faire jusqu'à six épreuves par minute. Il va sans dire que cette opération, comme tous les travaux manuels, ne se réussit complètement qu'après un peu d'étude et quelques tâtonnements ; mais elle ne présente aucune difficulté.

LE CRAYON PNEUMATIQUE.

Après le crayon électrique d'Edison, voici le crayon pneumatique qui fournit des résultats analogues. Son invention est due à un Américain, M. J. W. Brickenridge, de Lafayette, Indiana. Notre gravure en montre le dispositif. Le dessin de gauche montre en projection l'ensemble de l'appareil, le dessin de droite est une coupe longitudinale du crayon, et celui du milieu, en haut, une coupe verticale d'une portion de l'appareil moteur. Dans cet instrument, on se sert de l'air comprimé comme force motrice pour faire fonctionner l'aiguille perforatrice.

Et mettant en rotation la bielle que montre notre gravure (fig. 165), on imprime un mouvement de va-et-vient à un diaphragme flexible, dont on voit la coupe dans le dessin de détail, au milieu de notre figure. Un orifice permet la rentrée de l'air dans ce système quand le diaphragme se meut de haut en bas. Ce diaphragme, en se mouvant de bas en haut, imprime un mouvement à un diaphragme semblable placé à l'extrémité in-

férieure du tube et à la surface duquel est adapté le crayon per-
forateur. Quand l'engrenage fonctionne, le diaphragme moteur
acccomplit de rapides vibrations, celles-ci se communiquent par

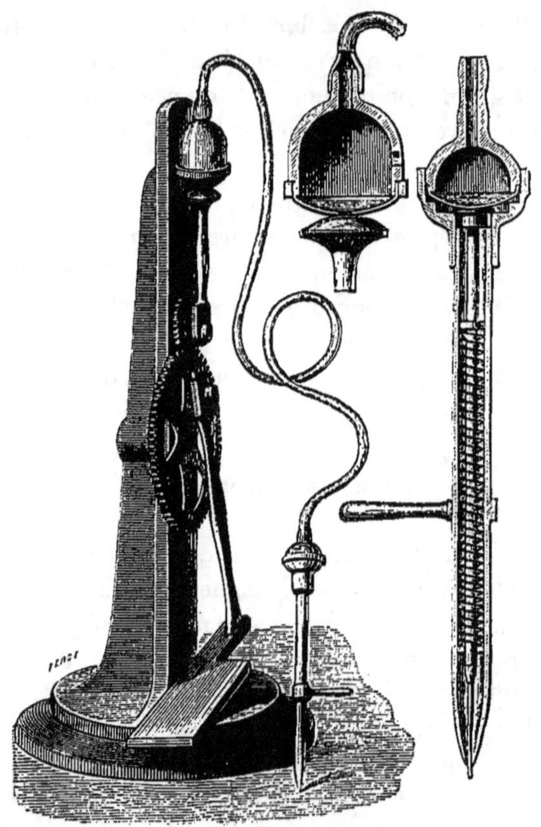

Fig. 165. — Le nouveau crayon pneumatique. (Page 244.)

l'intermédiaire de l'air contenu dans le tube flexible au diaphragme du crayon et à l'aiguille perforatrice qui s'y trouve
adaptée. Le crayon peut être promené à la surface d'un papier
et y déterminer des lignes de perforations qui servent de patrons
à reproduire comme avec le crayon électrique.

Ces systèmes sont très avantageux pour reproduire à un assez grand nombre d'exemplaires les lettres ou les manuscrits quels qu'ils soient. L'appareil suivant est encore plus pratique.

LE CHROMOGRAPHE.

Lorsque, après avoir écrit sur une feuille de papier, en se servant comme encre d'une solution un peu concentrée de violet de méthylaniline ou de fuchsine, on applique exactement l'écriture ainsi obtenue sur une lame gélatineuse molle, constituée par une substance analogue à celle dont sont faits les rouleaux d'imprimerie, en passant plusieurs fois la main sur le revers du papier, et qu'on enlève ensuite ce dernier après quelques minutes, l'encre a quitté le papier et l'écriture renversée se trouve reportée sur la lame de gélatine. Si dès lors on applique sur la préparation ainsi obtenue une feuille de papier ordinaire, en frottant plusieurs fois le revers avec la main étendue (fig. 166), l'écriture redressée s'imprime sur la feuille et donne une reproduction exacte de l'original (fig. 167). L'encre étant épaisse et douée d'un pouvoir colorant considérable, on peut obtenir ainsi successivement quarante ou cinquante épreuves sans modifier la préparation. Au delà, les épreuves manquent de netteté.

Tel est le principe mis en usage dans un assez grand nombre d'appareils de plus en plus répandus dans le commerce sous des noms divers : *chromographe, hectographe,* etc. Nous croyons devoir donner ici quelques renseignements pratiques sur ce sujet.

La lame de gélatine est formée par un des mélanges suivants :

1° Gélatine, 100 grammes; eau, 375 grammes; glycérine, 375 grammes; kaolin, 50 grammes (*Lebaigue*);

2° Gélatine, 100 grammes; dextrine, 100 grammes; glycérine, 1000 grammes; sulfate de baryte, Q. S. (**W.** *Wartha*);

3° Gélatine, 100 grammes; glycérine, 1200 grammes; bouillie de sulfate de baryte lavé par décantation, 500 centimètres cubes (**W.** *Wartha*);

4° Gélatine, 1 gramme: glycérine à 30°, 4 grammes; eau, 2 grammes (*Kwaysser et Husak*).

Le mélange fondu est agité pendant qu'il se refroidit jusqu'au moment de l'épaississement, puis coulé dans une caisse de zinc rectangulaire de 3 centimètres de profondeur. Le kaolin ou le sulfate de baryte rend la masse blanche et permet de voir plus facilement la préparation. On peut encore se servir du mélange de gélatine et de mélasse employé pour les rouleaux d'imprimerie. Lorsque le tirage est terminé, il suffit de frotter la surface avec une éponge imbibée d'eau, pour enlever toute trace d'encre et rendre la lame propre à recevoir une nouvelle impression. L'introduction de la dextrine facilite ce nettoyage.

On a donné les formules suivantes pour l'encre à employer :

1° *Encre violette :* eau, 30 grammes ; violet de Paris, 10 grammes (*Lebaigue*) ;

2° *Encre violette :* alcool, 1 gramme ; eau, 7 grammes; violet de Paris, 1 gramme (*Kwaysser et Husak*) ;

3° *Encre rouge :* alcool, 1 gramme ; eau, 10 grammes ; acétate de rosaniline, 2 grammes (*Kwaysser et Hussak*).

Il est bon d'employer pour l'écriture du papier glacé, que l'encre abandonne beaucoup mieux. On facilite le report en passant sur le revers une éponge à peine humide.

Pour les épreuves il est avantageux, au contraire, de se servir de papier moins uni [1].

NOUVEAU TIMBREUR ÉLECTRIQUE.

Cet appareil est destiné à remplacer le timbre humide usité dans les bureaux de poste pour oblitérer les timbres d'affranchissement des lettres ; il sert aussi pour les timbres de factures.

A la partie inférieure de l'appareil se trouve un mince fil de platine, contourné de manière à former un dessin ou une initiale. C'est cette partie du système qui doit être appliquée à la surface du timbre à annuler. Le fil de platine peut être mis en communication avec une pile électrique. On ferme le circuit en pressant un ressort à l'aide du doigt, comme le montre notre

[1] *Journal de chimie et de pharmacie.*

figure. Le platine rougit, le papier contre lequel il est appliqué est carbonisé par la chaleur et porte la trace d'une empreinte absolument ineffaçable (fig. 168, page 251).

Ce système ingénieux peut être utilisé, non seulement par les employés de la poste, mais aussi par tous ceux qui ont à annuler un grand nombre de timbres de factures.

Fig. 166. — Impression obtenue par le simple frottement sur la planche du chromographe. (Page 246.)

LE CAMPYLOMÈTRE.

Le campylomètre [1] construit par M. le lieutenant Gaumet est un petit instrument de poche destiné à donner, après une seule opération et par une simple lecture : 1° la longueur métrique

[1] Καμπύλος, courbe ; μέτρον, mesure.

d'une ligne quelconque, droite ou courbe, tracée sur une carte ou un plan; 2° la longueur naturelle correspondant à une longueur graphique sur les cartes au $\frac{1}{80000}$ et au $\frac{1}{100000}$ et sur les cartes dont les échelles sont des multiples ou des sous-multiples simples des précédentes.

Le campylomètre est une application d'une propriété de la vis

Fig. 167. — Épreuve retirée de la planche molle du chromographe, après l'impression. (Page 246.)

micrométrique, déjà mise à profit par M. Gaumet dans la construction d'un télémètre de poche, dont il est l'inventeur.

Cet instrument consiste en un disque denté dont la circonférence est exactement de 5 centimètres. Les deux faces de ce disque portent chacune un système de divisions, l'une est divisée en quarante parties, l'autre en cinquante parties.

La circonférence du disque (5 centimètres) correspond à 4 kilomètres à l'échelle du $\frac{1}{80000}$ et à 5 kilomètres à celle du $\frac{1}{100000}$; la division au $\frac{1}{40}$ du disque à la première échelle mesure 100 mètres, il en est de même de la division au $\frac{1}{50}$ pour la deuxième échelle (fig. 169).

Le disque dentése meut sur une vis micrométrique dont le pas est de $0^m,0015$, en rebord d'une réglette portant des graduations espacées d'une longueur égale au pas de la vis et représentant des longueurs.

1° de 5, 10, 15, 20. . . . .   50^{centim} à l'échelle métrique ;
2° de 5, 10, 16, 20. . . . .   50^{kil}   —   du $\frac{1}{100000}$.
3° de 4, 8, 12, 16. . . . .   40^{kil}   —   du $\frac{1}{80000}$.

La vis micrométrique est fixée dans une monture, de manière à former une pointe servant de guide.

Pour se servir du campylomètre, amener le zéro du disque en regard du zéro de la réglette, puis placer l'instrument sur la carte dans une position perpendiculaire, la pointe servant de guide, et promener le disque denté sur la ligne droite ou sinueuse dont on veut avoir la longueur.

L'opération terminée, remarquer la dernière graduation de la réglette, au delà de laquelle le disque s'est arrêté, ajouter à la valeur de cette graduation la longueur complémentaire fournie par la division du disque qui est en regard de la réglette.

Dans le cas de la mesure métrique d'une ligne, ajouter au nombre de centimètres donné par la graduation supérieure le complément en millimètres fourni par la division au $\frac{1}{50}$.

Exemple : soit 20 la graduation supérieure, 35 la division au $\frac{1}{50}$ en face de la réglette; la longueur obtenue est de 20 centimètres $+$ 35 millimètres $= 0^m,235$. — Si l'on mesure une ligne sur une carte au $\frac{1}{100000}$, les graduations supérieures représentent des kilomètres ; les divisions complémentaires au $\frac{1}{50}$ des centaines de mètres.

Exemple : 20, graduation supérieure, 35, division au $\frac{1}{50}$ du disque en regard de la réglette, la distance mesurée est de 20 kilomètres $+$ 3500 mètres, ou 23 500 mètres.

Avec la carte au $\frac{1}{80000}$ on se servira de la graduation inférieure de la réglette.

Exemple : 12, graduation supérieure, 7, division au $\frac{1}{40}$ du disque en regard de la réglette ; distance mesurée, 12 700 mètres.

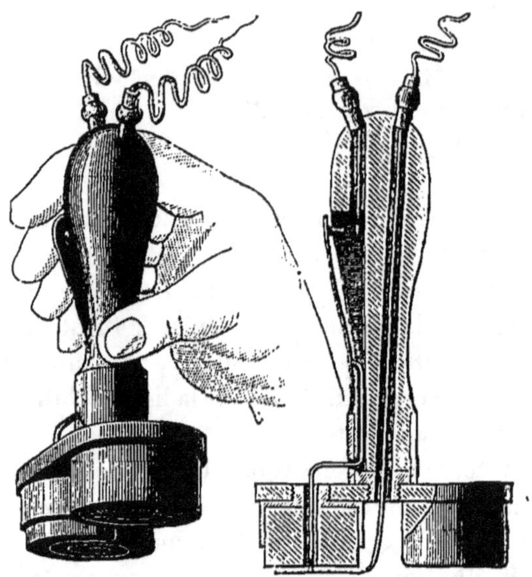

Fig. 168. — Timbreur électrique. — Vue perspective et coupe. (Page 247.)

Le campylomètre a été spécialement construit pour les cartes au $\frac{1}{80000}$ et au $\frac{1}{100000}$, un calcul facile à faire sur les résultats permettrait de l'utiliser sur des cartes dont les échelles seraient des multiples ou des sous-multiples simples des précédentes.

Cet instrument peut d'ailleurs servir pour toute carte ou tout plan dont on connaît l'échelle numérique. Il suffira dans ce cas de multiplier la longueur de la ligne exprimée en millimètres par le dénominateur de l'échelle divisé par 1000.

Ainsi sur une carte anglaise au $\frac{1}{63360}$, une longueur de 155 millimètres correspondra à une longueur naturelle de $63\,360 \times 155$ ou $9820^{\mathrm{m}},80$.

D'après ce qui précède, on voit que l'emploi du campylomètre n'exige pas le tracé, sur la carte, de l'échelle graphique, mais bien la connaissance de l'échelle numérique. Dans le cas où l'échelle graphique serait seule connue, l'instrument pourrait servir comme rapporteur à l'échelle et être employé de la manière suivante :

Après avoir fait suivre au disque denté le chemin à mesurer, porter l'instrument sur le zéro de l'échelle, promener le disque en sens inverse le long de l'échelle, jusqu'à ce que le zéro du disque revienne en regard du zéro de la réglette. L'endroit où s'arrête le disque sur l'échelle indique la longueur de la ligne mesurée sur la carte. Si l'échelle est plus petite que la ligne mesurée, porter l'instrument de nouveau sur le zéro autant de fois que cela sera nécessaire.

Le campylomètre peut aussi servir à rapporter sur une carte une longueur naturelle ; ainsi pour rapporter sur une carte à l'échelle du $\frac{1}{20000}$ une longueur de 1200 mètres, il suffira de disposer le disque denté de manière que la position du disque marque une distance quadruple, c'est-à-dire de 4800 mètres (report au $\frac{1}{80000}$); cela fait, promener les disques dans la direction donnée, jusqu'à ce que le zéro du disque revienne en regard du zéro de la réglette ; cette limite marquera l'extrémité de la longueur à reporter.

Les différentes applications que nous venons d'énumérer nous dispensent d'insister sur les avantages de l'emploi du campylomètre. Cet instrument, extrêmement simple, remplacera très avantageusement les procédés, aussi longs qu'inexacts, en usage jusqu'ici pour la mesure des distances, cette partie capitale de la lecture des cartes.

Son emploi, dans les mesures nécessaires pour l'établissement des ordres de marche, économisera aux officiers d'état-major un temps précieux. (On peut dire que cet instrument, imaginé en particulier pour servir à la lecture de la carte au $\frac{1}{80000}$, devient le complément indispensable de l'emploi de cette carte.) Le campylomètre dispensera du compas, du double décimètre et du tracé de l'échelle graphique, qui peut ne pas se trouver sur le fragment de carte que l'on a à sa disposition. Il peut être appliqué à la mesure de toute espèce de courbe, sans exiger le recours au calcul, souvent très compliqué. Le campylomètre peut être facilement employé en marche, même à cheval, sur la paume de la main ou la fonte de la selle, avantage bien appréciable pour les officiers montés.

Fig. 169. — Le campylomètre du lieutenant Gaumet. (Page 250.)

Ajoutons que la partie essentielle du campylomètre peut être vissée à l'extrémité d'un porte-mine, et que l'on obtient ainsi, réunis en un seul, deux objets souvent indispensables.

INDICATEUR CÉLESTE.

On voit combien les objets que nous venons de décrire sont de nature à faciliter les travaux de cabinet; nous allons passer en revue quelques autres appareils qui, tout en étant des objets de récréation intelligente, se rattachent à des études scientifiques proprement dites, et nous commencerons par ceux qui facilitent les observations des corps célestes.

Un grand nombre de personnes aimeraient à s'adonner aux observations astronomiques, mais elles reculent souvent devant les difficultés du début, et rencontrent des obstacles qui les découragent quand elles cherchent en vain à reconnaître les constellations dans la voûte céleste.

La disposition de l'appareil Maupérin que nous reproduisons ici (fig. 170, page 256) donne de grandes facilités aux amateurs; en effet, il permet de nommer instantanément chaque étoile ou constellation, que l'on aura fixée, en pointant dans sa direction le viseur ou tringle supérieure T. Cette tringle, montée sur la colonne S, est mobile à son centre, dans le sens vertical; dans le sens horizontal, elle entraîne un indicateur-alidade I, fixé au bas de la colonne S, dont les deux branches restent toujours parallèles au plan de la tringle T, quelle que soit leur position sur la carte et l'inclinaison de la tringle T. Les deux extrémités de cette tringle sont terminées : d'un côté par un croissant C, de l'autre par un œilleton O.

L'appareil ayant été orienté, il suffira, en mettant l'œil au petit œilleton O, d'apercevoir, au milieu du croissant C, l'étoile que l'on aura choisie dans le ciel. Cette étoile, avec son nom, se trouvera dans l'intérieur des branches de l'indicateur-alidade I.

On peut également opérer inversement, c'est-à-dire trouver au ciel, à l'aide du viseur T, les étoiles que l'on aura préalablement choisies sur la carte entre les branches de l'indicateur-alidade.

La carte représente exactement le ciel tel qu'on le regarde. Cette disposition nouvelle, inverse de celle adoptée pour toutes les cartes célestes, est très importante; elle évite d'avoir à tenir la carte retournée et placée au-dessus de la tête.

On trouve facilement *la Grande-Ourse* ou *le Chariot*, en se tournant vers le *Nord*. On reconnaît cette belle constellation composée principalement de sept étoiles secondaires, dont quatre forment un trapèze : alpha α, bêta β, gamma γ, delta δ (*les quatre roues du chariot*) ; et dont les trois autres : epsilon ε, zèta ζ, êta η, forment une ligne convexe vers le pôle (*le timon du chariot*) (fig. 171).

La ligne β α prolongée du côté d'α, d'environ 5 fois sa valeur, quelle que soit d'ailleurs la position de la constellation, passe près d'une étoile isolée qui brille dans cette région du ciel : c'est *la Polaire*. Cette étoile est la troisième α du timon d'une constellation semblable à la Grande-Ourse, plus petite qu'elle, mais placée en sens inverse. Cette constellation est la Petite-Ourse.

L'appareil ayant été placé dans une cour, un jardin ou sur une terrasse, de telle sorte que la colonne H de l'instrument se trouve dans une position verticale, on dévisse de deux tours la vis V du bourrelet B, ce qui rend mobile la partie supérieure de l'appareil. On dévisse également la vis K et l'on abaisse entièrement, dans le sens de la *flèche descendante*, le *côté de la carte* qui porte *minuit*. S'étant mis en face de l'*étoile polaire*, on prend la partie supérieure de la carte par le petit bouton G, où se trouve *minuit*, et par un mouvement de rotation horizontal, on l'amène devant soi.

On place l'indicateur-alidade sur *midi* et on le maintient dans cette position tout en manœuvrant le haut de l'appareil, jusqu'à ce que l'on ait aperçu l'étoile polaire au milieu du croissant C, l'œil visant par l'œilleton O. On a alors la *ligne méridienne* et l'on a soin de serrer aussitôt la vis du bourrelet B.

Il suffit alors de relever la carte dans le sens de la *flèche ascendante*, jusqu'à ce que la vis d'arrêt du cercle C vienne buter ; elle règle la position du quart du cercle C, suivant la latitude du lieu, puis on serre le bouton K. L'appareil est orienté.

Ces préliminaires peuvent se faire en moins d'une minute.

Le disque supérieur a une ouverture elliptique, qui contient pour chaque instant l'ensemble des étoiles visibles sur l'horizon : sa circonférence porte une graduation en *heures divisées par 5 minutes*. Il est fixé sur l'appareil. La ligne *midi-minuit* (en partie pointillée) donne le *méridien*, l'appareil étant orienté comme il vient d'être dit.

Le disque placé au-dessous est la carte céleste ; sur sa circonfé-rence se trouvent les *jours de chaque mois.* Il est mobile autour de la colonne S, qui figure *l'axe du monde,* autour duquel tourne la sphère céleste. Lorsqu'il s'agit d'observer les étoiles, on fait arri-ver le quantième du jour où l'on est, en face de l'heure à laquelle on observe. On peut dès lors lire la carte, en visant avec la trin-

Fig. 170. — Indicateur céleste Maupérin. (Page 253.)

gle T, ainsi qu'il a été dit ci-dessus. Toutes les *cinq minutes,* dé-placer la carte d'une division, qui est égale à 5 minutes écoulées. Après la séance d'observation, on peut enlever l'appareil pour le mettre à l'abri ; mais si l'on veut éviter une nouvelle orientation, il suffira de faire un repère sur le sol indiquant la position du pied P, *l'appareil orienté,* et de ne plus déviser le bouton B.

Cela peut être utile dans le cas où l'on voudrait observer les étoiles visibles par un ciel en partie couvert, *le Chariot* et *la Polaire* pouvant ne pas être visibles. — La première orientation pourra ainsi servir une fois pour toutes.

Une petite lanterne L hermétique projette sa lumière sur la face inclinée des cartes, sans gêner l'œil de l'observateur. Elle peut être placée en L'. L'inclinaison de l'appareil varie suivant la latitude du lieu où l'on se trouve ; à cet effet, le demi-cercle C', placé en dessous, permet de faire varier cette inclinaison. Pour Paris, elle est de 48,50'.

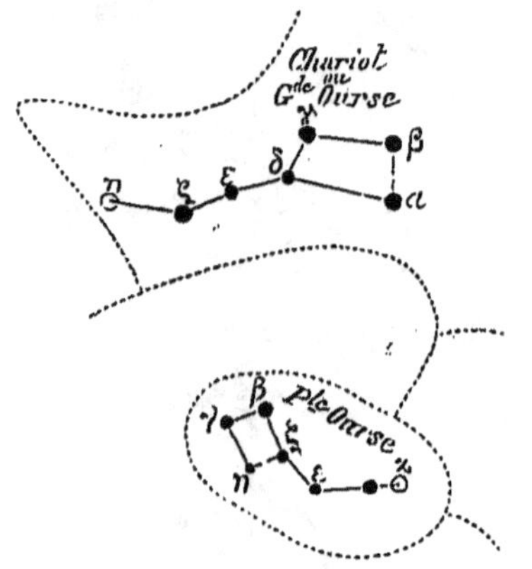

Fig. 171. — Figure servant à indiquer comment on trouve dans le ciel l'étoile polaire. (Page 255.)

Cet appareil permet également de connaître toujours *quel sera l'aspect du ciel*, à un jour quelconque d'un mois et à une heure donnée. On placera la carte à ce jour et à l'heure ; elle présentera l'ensemble des étoiles qui seront visibles au-dessus de l'horizon. De même, il sera facile de connaître exactement l'heure à laquelle se lèvent et se couchent les étoiles, ainsi que celles qui ne se couchent jamais ; savoir l'heure à laquelle elles passent au méridien (*ligne midi-minuit de la carte fixe*), et l'époque où elles apparaissent à l'horizon. On pourra conclure que l'on aura fixé une *planète*, lorsque l'astre ne sera pas signalé par l'indicateur-alidade I. Cet appareil convient à tous les établissements d'enseignement aussi bien qu'aux observateurs les moins versés dans la science astronomique. Sa combinaison dispense d'aucune étude préalable et permet de lire dans le ciel comme dans un livre.

UNE PENDULE ASTRONOMIQUE.

On a souvent essayé de représenter par des appareils cosmographiques la position de la terre dans l'espace, l'inclinaison de son axe, son mouvement de rotation diurne, et même son mouvement de translation annuel autour du Soleil et la succession des saisons qui en dépend. Mais la reproduction de ces mouvements simultanés n'a été obtenue jusqu'à présent que sur une grande échelle par des appareils qui peuvent trouver leur place dans un musée ou dans un parloir, mais qu'il serait assurément difficile de loger dans nos appartements, sur une table ou sur une cheminée. Ce sont là d'ailleurs des mécanismes coûteux, dont le but est de servir de démonstration de temps à autre, et qui ne marchent pas constamment eux-mêmes sous les yeux du spectateur.

Pour toute personne qui s'intéresse à l'astronomie, ou simplement à la cosmographie, ou, plus simplement encore, pour toute personne qui aime à se rendre compte de la réalité et qui juge utile de savoir comment la terre où nous sommes est placée dans l'espace, comment elle se meut, et comment par ses mouvements elle nous donne les années, les saisons et les jours, le désidératum serait de reproduire exactement l'ensemble de ces mouvements sur une sphère terrestre détaillée, marchant d'elle-même, et remplaçant avantageusement ces pendules vulgaires dont les sujets décoratifs sont devenus d'une banalité proverbiale.

Or, c'est précisément le travail qu'a récemment terminé avec succès un laborieux inventeur, qui a consacré toute sa vie et toute sa fortune à la réalisation de cette grande idée, et qui vient de s'éteindre misérablement dans une mansarde solitaire, la veille du jour où ses persévérants efforts allaient recevoir la récompense si légitimement due à toute une vie de labeur et d'abnégation.

M. Mouret communique à sa sphère la vie astronomique de notre globe, à l'aide d'un mécanisme d'horlogerie qui lui imprime, de seconde en seconde, à chaque coup de balancier, le double mouvement de rotation et de translation. Ce globe tourne en vingt-quatre heures sur lui-même, et l'on voit insensiblement passer devant soi toutes les parties du monde, qui prennent successivement devant le soleil la place qu'elles occupent en réalité. Ce n'est pas l'un des moindres intérêts de cette pendule astronomique d'y remarquer, dans le simple intervalle du commencement à la fin d'un déjeuner ou d'un dîner, le déplacement qui s'est opéré pour tous les peuples : ici, sur le méridien central, tous ces pays ont midi ; là, à gauche, près du cercle qui limite l'hémisphère éclairé et l'hémisphère obscur, le soleil se lève et la journée commence ; là, au contraire, à droite, le soleil se couche et la journée finit... Tiens ! voilà l'océan Pacifique immense en pleine lumière, tandis que presque tous les continents sont en ce moment dans la nuit et dans le sommeil..... Ah ! voilà les Chinois qui arrivent et qui ouvrent le cercle lumineux de l'Asie et de l'Europe, comme ils l'ont ouvert aux origines de l'histoire.

Voulant faire une pendule et ne pouvant, par conséquent, faire changer la terre de place de jour en jour, comme elle le fait en réalité, l'inventeur a très ingénieusement reproduit le mouvement de déclinaison du soleil qui en résulte, en faisant décrire un double cône à l'axe du monde. Aux équinoxes, les deux pôles sont sur un plan, et le jour est égal à la nuit dans tous les pays du monde ; au solstice d'hiver, le pôle nord ou supérieur est incliné en arrière de 23°,28', notre hémisphère est dans l'hiver, nous n'avons plus ici que huit heures de jour contre seize heures de nuit ; six mois plus tard, ce même pôle nord s'est relevé et incliné vers le soleil de la même quantité, tandis que le pôle sud s'est enfoncé dans la nuit : c'est l'été et la saison des longs jours pour notre hémisphère boréal, l'hiver, et la saison des longues nuits pour l'hémisphère austral.

Un cadran vertical donne l'heure du pays, et l'on peut à tout
instant du jour et de la nuit constater l'heure de tous les autres
pays du monde. Un cadran horizontal indique le jour du mois,
et se met chaque jour en correspondance avec le mouvement
de translation de la terre autour du soleil, reproduit dans ses
résultats à l'aide de l'artifice du double cône. Le spectateur qui
regarde la pendule de face est censé tourner le dos au soleil;
comme disait ce pauvre Mouret : « Je le suppose restant à cheval sur le rayon vecteur idéal mené à tout instant du soleil à la
terre. »

Ajoutons que tous ces mouvements s'effectuent constamment
d'eux-mêmes et sans qu'on ait besoin de toucher à la pendule —
qui se remonte simplement comme toutes les autres. Par un sur-
croît d'attention, toutefois, l'inventeur a pris soin de rendre les
mouvements de la sphère assez indépendants pour qu'on puisse,
quand on le veut, se servir de cette sphère comme appareil de
démonstration : on peut lui imprimer à la main, à l'aide de deux
petites manivelles, les trois mouvements (rotation, translation et
abaissement du pôle) sans déranger en rien l'horlogerie. Il suffit
ensuite de remettre exactement la terre à sa place, au jour et à
l'heure [1] (fig. 172).

LE GLOBE-TELLURE.

Un globe terrestre sans aucun mécanisme, à condition que son
axe soit parallèle à celui de la Terre, *exposé aux rayons directs du
Soleil*, représente pour le jour, très exactement, la répartition de
l'ombre et de la lumière sur la surface de notre planète.

La figure 173 donne l'aspect d'un globe avec son support. Son
axe se trouve dans le plan vertical et fait avec l'horizon l'angle
égal à la latitude du lieu (Paris, 49° environ), si la planche AB
est horizontale. Pour rendre l'axe du globe parallèle à l'axe de la
Terre, on fait correspondre la ligne NS avec la méridienne du
lieu (à l'aide d'une boussole [2], par exemple).

[1] Voy. *la Nature*. Notice de C. Flammarion.
[2] Il ne faut pas oublier que l'aiguille aimantée marque (à Paris) 22° environ

Les rayons solaires éclairent toujours la moitié d'une sphère, quelle que soit sa dimension : planète ou petit globe. En comparant la répartition de l'ombre et de la lumière des deux sphères aux axes parallèles, on remarque que la ligne de séparation d'ombre et de lumière coupe l'équateur ainsi que les autres cer-

Fig. 172. — Pendule cosmographique Mouret. (Page 258.)

cles de ces sphères d'une manière analogue. Il s'en suit qu'au jour donné la répartition de l'ombre et de la lumière du globe sera exactement la même que celle de notre planète.

Le globe reproduit la répartition de l'ombre et de la lumière, non seulement pour le jour, mais aussi pour *le moment du jour*, lorsqu'il est tourné vers le Soleil du même côté que la Terre.

à l'ouest du point N de la boussole. L'axe du globe doit être fait en laiton, puisque le fer a la faculté de déranger l'aiguille.

L'endroit que l'on examine sur le globe (Paris, par exemple) doit dans ce cas être placé dans le plan méridien du lieu et occuper le point le plus élevé du globe (voir la figure). C'est alors que les deux hémisphères du globe, l'hémisphère sombre ainsi que l'hémisphère éclairé, correspondront tout à fait à celles de la Terre : l'hémisphère éclairé a *réellement* le jour, et l'hémisphère opposé ne voit pas le Soleil.

En observant le globe ainsi installé pendant quelques minutes, il est facile de remarquer que la ligne de séparation d'ombre et de lumière ne reste pas immobile. Les contrées du côté droit (si l'observateur est tourné vers le Soleil) sortent de l'ombre, et celles du côté gauche y entrent. Les premières ont alors *réellement* le lever du Soleil et les secondes son coucher.

Le globe, faisant la double révolution avec notre planète, dans la durée d'une année, reproduira dans la répartition de l'ombre de la lumière tous les changements qui se manifestent sur la Terre dans une période annuaire. Ainsi, au jour et au moment donnés, le globe offrira le même spectacle que la Terre elle-même, éloignée de nous à une distance qui permettrait de la voir tout entière.

Il va sans dire que l'emploi d'un globe exposé au Soleil n'exclut point l'emploi des mécanismes plus compliqués, car le premier ne peut servir que le jour et par un temps serein. L'avantage de ce globe-tellure est d'imiter la nature d'une manière très exacte ; il est éclairé par le Soleil réel et la ligne de séparation d'ombre et de lumière est indiquée par les rayons solaires et non pas par un cercle métallique.

Pour que la ligne de séparation d'ombre et de lumière soit bien marquée, il faut qu'aux rayons directs du Soleil ne se mêle pas beaucoup de lumière diffuse, venant du plafond, des murs et du sol. On baisse les rideaux des fenêtres, s'il y en a plus d'une. Il est bon aussi de peindre le support en noir. Si le globe est petit ou de dimension médiocre, il suffit de poser le support sur une table à peu près horizontale, sans vérifier l'horizontalité à l'aide d'un niveau.

CHRONOMÈTRE SOLAIRE.

Le chronomètre solaire imaginé par E. Fléchet, et représenté par la gravure ci-après (fig. 174), est en quelque sorte un équateur réduit à sa plus simple expression. Il permet de déterminer l'heure vraie avec une grande facilité. Cet appareil se compose d'un disque plein et bombé AB, divisé en 24 heures et en fractions d'heure. Ce disque tourne sur lui-même, autour d'un axe CD, qui est dirigé suivant l'axe du monde, ce qu'on obtient en inclinant l'axe plus ou moins autour du genou E, suivant la latitude du lieu. En F est une lentille mobile autour d'un de ses diamètres, de manière à pouvoir être toujours présentée au soleil ; elle est le centre d'une plaque concave et exactement sphérique représentée en GH.

Quand l'instrument est fixé de manière à ce que l'axe CD soit parallèle à l'axe du monde, on tourne le disque AB de telle façon que le centre de l'image du soleil, produite par la lentille F, se trouve sur l'arc *mn*. On a l'heure vraie en examinant la position de l'index A sur la graduation des heures. On obtient par là le temps vrai. On peut obtenir le temps moyen en ajoutant à l'arc *mn* une courbe en 8 construite par points, d'après la valeur de l'équation du temps, pour tous les jours de l'année. Ch. Delaunay, en signalant cet appareil intéressant dans son cours d'astronomie, disait à son sujet : « L'installation de cet instrument se fait avec la plus grande facilité, son emploi est très commode et donne d'excellents résultats ; sous des dimensions assez restreintes, il fournit l'heure avec une précision d'un tiers ou d'un quart de minute. Nous ne pouvons que faire des vœux pour que l'usage s'en répande. »

HORLOGES MYSTÉRIEUSES.

Les pendules que nous représentons (fig. 175 et 176) sont très dignes de figurer dans la maison d'un amateur de

sciences. Elles sont en cristal transparent, et quoique tout mécanisme soit absolument dissimulé, elles fonctionnent cependant
très régulièrement. La pendule de la figure 175 due à Robert
Houdin est formée de deux disques de cristal superposés et renfermés dans le même encadrement ; l'un, fixe dans l'espace, porte

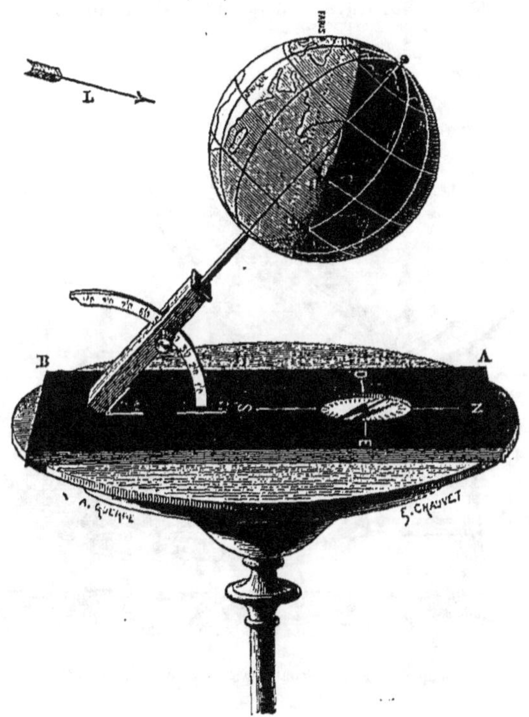

Fig. 173. — Globe-tellure exposé au soleil (Solstice d'hiver, midi à Paris). (Page 260.)

la graduation qui constitue tout cadran ; le second, mobile sur
son centre, fait corps avec l'aiguille des minutes, et sa rotation
commande, par une minuterie ordinaire, celle de l'aiguille des
heures. Le mouvement est transmis à ce cadran par un engrenage disposé le long de sa circonférence et dissimulé dans la largeur du cadre métallique. Cette denture est elle-même actionnée

par une roue d'angle, un arbre vertical et un mouvement d'horlogerie, renfermés dans le pied de l'appareil.

M. Cadot dans sa pendule (fig. 176 et 177) conserve les deux vitres, mais, pour dérouter les investigateurs qui seraient au courant de l'artifice de Robert Houdin, il adopte la forme rectangulaire qui exclut toute idée de rotation. L'aiguille des minutes ne peut plus dès lors rester solidaire de la seconde plaque de verre, elle

Fig. 174. — Chronomètre de M. Fléchet ; précision de 1/4 de minute. (Page 263.)

reprend son indépendance. Cette plaque mobile ne conserve que la latitude d'un très faible mouvement angulaire autour de son centre, que permet le jeu laissé à l'intérieur du cadre rectangulaire. Un petit encliquetage, dissimulé dans le noyau central de l'aiguille, accumule pour celle-ci, sous forme de rotation progressive, l'oscillation alternative et invisible aux yeux, de la vitre transparente. Pour produire ce balancement, on supporte cette plaque sur un fléau noyé dans le bord inférieur du cadre métalli-

que. Après l'oscillation directe dont je vais parler, un petit ressort, bandé par ce mouvement même, ramène le système en arrière. Le déplacement direct est produit par une *pompe* ou bielle
verticale, qui vient soulever l'extrémité du fléau. Cette pompe
prend son point d'appui sur un levier coudé, mis en relation

Fig. 175. — Pendule mystérieuse en cristal. — Système Robert Houdin. (Page 263.)

avec une roue de 30 dents triangulaires. Enfin, cette roue tourne
sur son axe en une heure, sous l'influence d'un mouvement
d'horlogerie caché dans le pied de la pendule. Chacune des dents
met donc deux minutes à passer, et la transmission précédente
détermine un déplacement correspondant de l'aiguille des minutes, qui accomplit ainsi sa rotation en une heure. Quant à la

seconde aiguille, elle est commandée par une petite minuterie délicatement dissimulée dans le moyeu [1].

Ces pendules remarquables ont été imaginées après celle de M. Henri Robert, qui n'est pas moins intéressante (fig. 178).

Cette horloge, en effet, est bien faite pour exciter la curiosité.

Fig. 176. — Pendule en cristal transparent. — Système Cadot. (Page 265.

En apparence, que voit-on? Un cadran de glace très transparente, à la surface duquel les deux aiguilles des heures se meuvent dans les mêmes conditions que dans un cadran ordinaire, mais rien autre chose n'apparaît; on cherche le mécanisme qui

[1] Rapport de M. Haton de la Goupillière.

fait mouvoir ces aiguilles; on suppose d'abord qu'il est électrique, parce que le cadran est suspendu dans l'espace par deux fils; mais on aperçoit bientôt que ces fils ne sont nullement en contact avec les aiguilles; on cherche un support quelconque dans lequel le mouvement pourrait avoir été caché, mais rien ne peut être découvert, le mystère paraît impénétrable.

L'étonnement ne fait que grandir lorsqu'on voit ces aiguilles

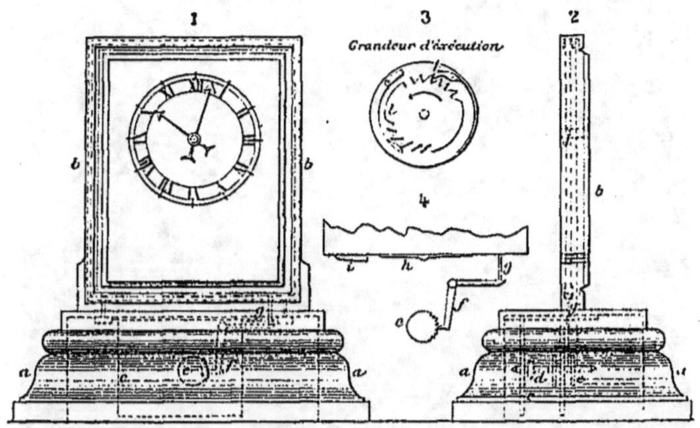

Fig. 177. — 1. Vue de face de la pendule Cadot. — 2. Vue de profil. — 3. Détail du mouvement de la minuterie placé au centre des deux vis. — 4. Détail du mouvement de la vitre mobile.

a. Socle de la pendule. — b. Cadre porté par le socle a et dans lequel les deux glaces ou vitres sont disposées de telle sorte que celle qui est derrière ait le jeu nécessaire au mouvement d'oscillation qu'elle reçoit. — c. Espace qu'occupe le mouvement d'horlogerie. — d. Tige de la roue de centre portant le rochet e. — e. Rochet de 30 dents conduisant le levier f (n° 4) et tournant sur son axe en une heure.

libres, fixées sur la glace qui les isole, avoir la propriété de tourner dans toutes les directions, de se balancer dans leur orbite autant de temps qu'un doigt indiscret l'aura voulu, et puis revenir d'elles-mêmes, non à l'heure qu'il était, mais bien à l'heure qu'il doit être; malgré tous dérangements et toutes contrariétés, de quelque durée qu'ils soient, les aiguilles viennent reprendre la place qui leur est indiquée par le temps et continuent ensuite leur mouvement régulier et uniforme.

Les aiguilles de l'horloge portent elles-mêmes leur mécanisme ;
elles constituent, on peut dire, une balance à leviers inégaux,
dans laquelle le mouvement d'horlogerie n'a pour but que de
déranger l'équilibre, et cette propriété est employée pour lui
faire indiquer l'heure et la minute, ainsi que nous allons l'expliquer.

Fig. 178. — L'horloge mystérieuse de M. H. Robert. (Page 267.)

C'est l'aiguille des minutes qui est la balance ; elle est rigoureusement équilibrée. Dans la boîte ronde fixée au talon de cette
aiguille, sous l'action d'un mouvement de montre qui y est renfermé, un poids en platine se déplace autour de la circonférence
de la boîte.

Le centre de gravité étant à tout instant déplacé par la révolution de ce poids, qui fait un tour en une heure, l'aiguille des

minutes est forcée de suivre ce déplacement, puis au moyen d'une
minuterie, elle fait mouvoir l'aiguille des heures; par cette disposition les aiguilles sont dépendantes l'une de l'autre mais restent
indépendantes du mouvement. Si on les dérange de moins de
trente minutes en avance ou en retard, elles reviennent automatiquement toutes deux à leur place; si on les fait tourner vivement, l'aiguille des minutes revient à la minute, mais celle des
heures revient à une heure quelconque.

D'après le même principe, mais par une disposition différente,
en laissant à l'aiguille des minutes un mouvement faisant faire
au poids un tour par heure, et mettant à l'aiguille des heures un
mouvement avec un poids faisant un tour en douze heures, on
arrive à ce résultat que les aiguilles sont indépendantes l'une de
l'autre, et qu'en faisant tourner une aiguille dans un sens, et
l'autre dans l'autre, l'une revient invariablement se mettre à la
minute et l'autre à l'heure.

On voit que le mécanisme de l'horloge mystérieuse est simple
et ingénieux; son principe n'est pas absolument nouveau, et,
avant M. Robert, on a déjà proposé de faire mouvoir des aiguilles
à l'aide d'un mouvement qu'elles pouvaient contenir dans l'intérieur du métal qui les constituait. Mais M. Robert a apporté à ce
système des perfectionnements très importants, il l'a présenté
sous une forme élégante, et l'a rendu absolument pratique.

Chaque jour on remonte l'horloge mystérieuse comme une
montre, et s'il arrive qu'elle soit soumise à quelque accident,
tout horloger peut facilement la réparer.

L'horloge de M. H. Robert peut être suspendue par deux
minces cordelettes, et appliquée contre une glace ou un grand
miroir; elle y produit un très curieux effet.

NOUVEAU CERCLE A CALCUL.

Voici un petit instrument (fig. 179 et 180) destiné à rendre les
plus grands services à toutes les personnes qui ont à faire des calculs rapides. Son petit volume (c'est celui d'une montre à re-

montoir) le recommande notamment aux ingénieurs, agents voyers, etc., mais il est fort propre aux travaux de bureau, et à ce titre peut rendre les meilleurs services aux statisticiens et aux démographes, aujourd'hui surtout que la fabrication des règles à calcul laisse souvent à désirer.

Le cercle à calcul peut servir :

1° A faire l'addition et la soustraction ; mais c'est assurément son moindre mérite ; à l'égard de ces deux opérations, il n'offre pas une supériorité bien remarquable sur les procédés ordinaires.

2° A faire la division et la multiplication, et par conséquent à résoudre les proportions. Sous ce rapport le cercle à calcul vaut la règle à calcul, mais on a vu d'abord combien il est plus portatif et plus commode pour les opérations sur le terrain.

3° A chercher le logarithme d'un nombre, et par conséquent à chercher les puissances et les racines des nombres.

4° Enfin, un cadran qui se trouve sur le verso du premier (fig. 180) permet de faire les opérations trigonométriques.

Ces dernières opérations se font avec une très grande rapidité ; il suffit de trois mouvements de doigts pour avoir le résultat cherché.

On voit que, grâce à ce petit instrument dont le diamètre est environ celui d'une pièce de cent sous, un ingénieur peut s'épargner le transport du gros volume de logarithmes, et l'ennui des opérations élémentaires de l'arithmétique.

C'est sous ce dernier rapport qu'il est surtout précieux pour le statisticien, et c'est par là qu'il peut être utile à tous ceux qui ont à faire des calculs mathématiques assez considérables.

Nous insisterons peu sur le principe du petit appareil ; de pareilles explications seraient fastidieuses pour qui n'a pas l'instrument entre les mains. Ce principe est exactement celui de la règle à calcul ; il est fondé sur ce théorème connu : *le logarithme du produit de deux nombres est égal à la somme de leurs logarithmes.*

De même que la règle à calcul doit être longue pour être exacte, le cadran donne un résultat d'autant plus approché que la longueur de sa circonférence est plus longue. Celui que nous décrivons permet de lire trois chiffres avec exactitude, ce qui suffit dans un grand nombre de cas. M. Boucher, son inventeur, projetait d'abord de faire des cercles de bureau d'un plus grand modèle qui auraient permis de lire un nombre de chiffres bien plus considérable, mais qui n'auraient pas été portatifs. Il a abandonné cette idée, ou plutôt il l'a changée contre une autre beaucoup plus ingénieuse; il a vu que rien ne l'empêchait de

Fig. 179. — Nouveau cercle à calcul de M. Boucher. (Page 270.)

faire dans le cadran de la figure 179 ce qu'il a exécuté dans celui de la figure 180, c'est-à-dire de disposer ses nombres non pas suivant un cercle, mais suivant une spirale. Il peut aussi disposer d'une bien plus grande longueur sur une même surface. Il est alors possible d'opérer sur des nombres beaucoup plus considérables, et sur de très petits instruments.

M. Boucher est en train de mettre cette idée si séduisante à exécution; mais la pratique est sévère conseillère, elle seule dira ce que vaut cette seconde partie de l'invention. Relativement à sa première partie, nous pouvons affirmer qu'elle a déjà prononcé, et prononcé favorablement : *Experto crede Roberto*[1].

LE PODOMÈTRE.

Toutes les personnes qui ont fait quelques explorations dans

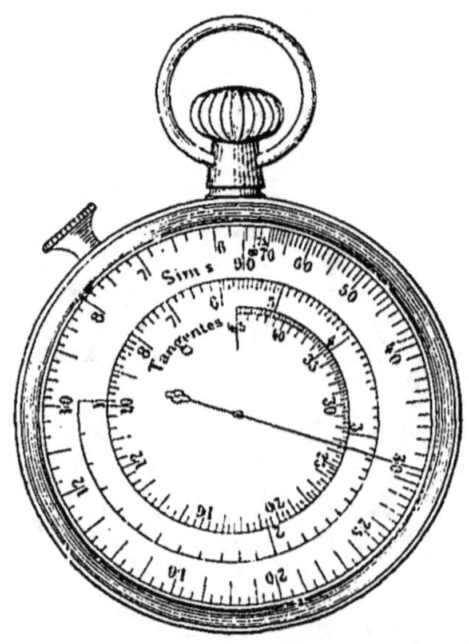

Fig. 180. — Le même instrument vu sur l'autre face. (Page 270.)

un but scientifique, ou simplement quelques excursions, savent de quel intérêt est souvent la connaissance approximative des distances.

Or, en l'absence d'une carte suffisamment détaillée, où l'on puisse suivre dans tous ses détails le chemin parcouru et l'évaluer avec certitude, on n'a à sa disposition d'autre moyen praticable

[1] *La Nature*, notice de M. Bertillon.

que de compter le nombre de pas qu'on a dû faire pour aller d'un point à l'autre. Mais c'est là un travail des plus fastidieux et sujet à de nombreuses erreurs pour le touriste, quelque peu impressionné par la variété des sites, ou préoccupé d'une recherche scientifique. Avoir dans son gousset un instrument peu volumineux, qui enregistre automatiquement chacun de ses pas, est infiniment plus commode et plus sûr; de là le succès

Fig. 181. — Le podomètre. (Page 273.)

rapide du podomètre que représentent nos dessins (fig. 181 et 182).

Cet ingénieux petit instrument a les dimensions et l'aspect d'une montre ordinaire. Sur l'un des côtés du boîtier est un cadran divisé, portant des chiffres qui indiquent le nombre de pas effectués. L'autre côté est en métal ou formé d'une lame de verre pour laisser voir le mécanisme.

Ce dernier est d'une simplicité extrême. Il est formé d'un contre-poids massif B (fig. 182), placé à l'extrémité d'un levier qui peut osciller autour d'un axe A. Une vis V sert à limiter l'amplitude de ces oscillations, et un petit ressort, passant avec un très léger équilibre, au contre-poids B, maintient ce dernier à la partie supérieure de sa course. Enfin l'appareil est complété par un mouvement de compteur qui enregistre chacune des oscillations du levier.

Cela étant compris, on conçoit que si on imprime au boîtier un

Fig. 182. — Le podomètre, détail du mécanisme. (Page 274.)

mouvement de bas en haut, le ressort qui maintient le contre-poids B étant trop faible pour compenser l'inertie de ce dernier, il va rester en arrière et venir buter sur la vis V. Lorsque le mouvement inverse aura lieu, c'est-à-dire lorsque le boîtier reviendra à sa position primitive, le contre-poids se retrouvera au sommet de sa course et ainsi de suite. De sorte que, pendant la marche, chaque pas produit une oscillation semblable que le compteur enregistrera.

Il ne faudrait pas croire que l'évaluation des distances au

moyen de cet appareil ne puisse donner que des indications gros-
sières. Dans les mains d'un observateur soigneux, il est susceptible d'une grande exactitude. Le marcheur qui aura eu soin
de faire quelques expériences préliminaires entre des points dont
la distance est exactement connue aura vite déterminé les coeffi-
cients par lesquels il devra, suivant la nature et l'inclinaison du
chemin parcouru, multiplier le nombre de pas pour le transfor-
mer d'une manière très suffisamment exacte en un nombre de
mètres.

UN BAROMÈTRE A EAU.

Nous ne quitterons pas la maison d'un amateur de sciences,
sans jeter les yeux sur le curieux baromètre à eau qui s'y trouve
installé, et qui donne des indications visibles à distance sur les
variations de la pression atmosphérique. La construction d'un
appareil semblable est très facile.

La densité de l'eau est 13 fois 1/2 moindre que celle du mercure, par conséquent quand la colonne de mercure du baromètre est de $0^m,76$, celle de l'eau, dans un tube barométrique,
serait de $10^m,36$.

Un tube de 11 mètres de hauteur sera plus que suffisant,
pour installer un baromètre à eau. On se sert d'un simple tuyau
de plomb que l'on fixe contre le mur d'une maison, comme le
représente la figure 183. A la partie supérieure du tube on
adapte un entonnoir, muni d'un robinet. La soudure est enveloppée d'un vase d'eau afin de s'assurer qu'il n'y aura pas de
fuites. Le tube à sa partie inférieure est recourbé ; à la partie
courbe, on adapte par l'intermédiaire d'un autre robinet, un
cylindre de verre long de $1^m,20$ environ, et fixé sur une planche
munie de graduations. La position du tube de verre est cal-
culée de telle façon que le niveau barométrique soit à son milieu sous la pression moyenne ($0^m,76$ de mercure). Il ne reste plus
qu'à remplir le tube d'eau, à fermer le robinet supérieur et à ou-
vrir le robinet inférieur. Dans ces conditions, le vide se formera
dans la partie supérieure, et le baromètre à eau sera constitué.

Ce baromètre a l'avantage d'être soumis à des variations beaucoup plus sensibles que le baromètre à mercure ; le niveau de l'eau oscillera de 13 centimètres 1/2, quand celui du mercure ne variera que de 1 centimètre. Si l'on veut que les mouvements du baromètre à eau soient facilement appréciés à quelque distance, on pourra colorer le liquide en rouge ou en bleu, avec une matière tinctoriale.

On a déjà installé à plusieurs reprises des baromètres à eau dans quelques localités ; nous citerons notamment celui qui a été confectionné récemment à l'Observatoire de Kiew en Angleterre, établissement dans lequel se trouvent réunis les principaux instruments de l'observation météorologique. Les baromètres à eau peuvent être très utiles, surtout dans les villes, au milieu des places publiques, là où il est bon de pouvoir lire les indications à quelque distance,

Fig. 183. — Installation d'un baromètre à eau.

et il serait fort intéressant d'en généraliser l'emploi.

L'eau offre l'inconvénient de se congeler pendant les froids de l'hiver ; on peut la remplacer par la glycérine qui ne se solidifie pas.

CHAPITRE VIII

LA SCIENCE ET L'ÉCONOMIE DOMESTIQUE

La physique, la mécanique, la chimie et la plupart des sciences appliquées sont susceptibles de nous rendre des services importants dans toutes les circonstances de la vie usuelle; nous ne saurions trop, au double point de vue du bien-être et de l'économie, nous exercer à nous entourer d'objets commodes, construits suivant les principes de la science. Choisissons au hasard un exemple à l'appui de ce que nous venons de dire.

Pendant les froids de l'hiver, nous avons souvent grand'peine à nous chauffer au dedans, nous brûlons du bois ou de la houille, et le froid n'en sévit pas moins. Nous pouvons éviter cependant les intempéries, par l'emploi d'une double fenêtre.

Pourquoi la fenêtre double, partout usitée en Russie, conserve-t-elle si bien la chaleur intérieure des habitations? Est-ce parce que l'on est en quelque sorte défendu contre le froid par deux fenêtres, au lieu de ne l'être que par une seule? Cette explication ne serait pas suffisante. Si l'on est protégé contre le froid extérieur, c'est grâce à la masse d'air emprisonnée entre les deux fenêtres. L'air est, en effet, si extraordinaire que cela puisse paraître, un gaz très mauvais conducteur de la chaleur : il forme le meilleur et le plus simple isolant que l'on puisse

trouver. La chaleur de l'appartement est donc parfaitement con-
servée par la couche d'air de la double fenêtre. Elle ne subit
point de déperdition au dehors. Par la même cause, la double
fenêtre n'est pas moins utile pendant l'été : elle empêche la chaleur de l'air atmosphérique de pénétrer dans l'habitation. Ainsi
la double fenêtre, avec sa couche d'air isolante, peut se comparer au burnous de laine de l'Arabe ou au manteau de l'Espagnol, qui le préserve de la chaleur tout aussi bien qu'il le ga-

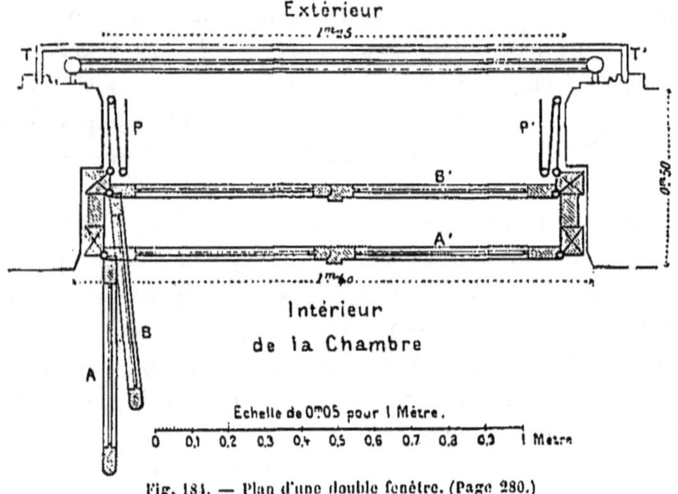

Fig. 184. — Plan d'une double fenêtre. (Page 280.)

rantit du froid ; de même que le burnous ou le manteau, c'est un
isolant.

La double fenêtre peut rendre encore un autre service. Ses
vitres en verre forment une serre. Le soleil échauffe l'air qu'elles
renferment; les rayons calorifiques y sont emmagasinés comme
sous la cloche à melon. Entre les deux fenêtres, on peut faire
croître des plantes grasses et même du raisin : c'est ce que
nous avons vu, par exemple, à une double fenêtre de Saint-
Malo.

Ce que nous disons de la double fenêtre peut donner l'envie à quelque lecteur de s'en faire construire une ou plusieurs dans son habitation. C'est peu coûteux. Voici le plan :

TT' (fig. 184) est la barre d'appui extérieure de la croisée. Les deux fenêtres montées sur un châssis de bois sont représentées en AA' et BB'. Les deux montants A, B, sont figurés ouverts. — P et P' sont des volets en tôle. On peut, si le mur est moins épais que celui que nous figurons, les remplacer par un store que l'on descend à volonté entre les deux fenêtres.

Fig. 185. — Petite machine motrice, mise en action par un chien. (Page 281.)

Un grand nombre de systèmes ou d'instruments ingénieux peuvent nous servir avec avantage et économie dans la vie domestique. Nous en choisirons quelques exemples dans ce chapitre.

MACHINES A COUDRE MISES EN MOUVEMENT PAR DES CHIENS.

Les animaux ont été employés de tout temps pour traîner des voitures, pour conduire la charrue, etc. Mais ces moteurs animés sont généralement très incomplètement mis à profit et dans des conditions très défectueuses. Le manège bien connu de nos exploitations rurales, bien qu'il ait été considérablement amélioré dans ces dernières années, ne produit pour ainsi dire pas de travail. Outre l'inévitable frottement, le cheval seul déploie de la force pour puiser de l'eau comme pour traîner une voiture, tandis que le poids inerte de l'animal reste presque entièrement inutilisé. Une disposition plus économique est celle

Fig. 180. — Figure explicative du détail du mécanisme. (Page 282.)

à laquelle on a recours peut-être encore dans des fermes lointaines ; là, on fait monter l'eau du fond des puits, dans les seaux, au moyen d'un âne marchant dans l'intérieur d'une roue, à la manière des chiens mettant jadis en mouvement le tourne-broche. Toutefois, cette méthode suscite de graves objections, au point de vue de l'humanité aussi bien que de la mécanique. En effet, la tension musculaire d'un animal qui monte continuellement dans une roue creuse, est réellement considérable ; on a vu quelques-unes de ces pauvres bêtes tomber à la renverse devant un obstacle subit, qui offrait une plus grande résistance.

Lors de la dernière exposition agricole qui a lieu à Paris, nous avons remarqué une nouvelle machine destinée à battre en grange; elle était mise en mouvement par un cheval marchant constamment en avant sur une voie sans fin, passant sur deux rouleaux presque horizontaux.

Nous allons décrire aujourd'hui une application bien plus utile de la force animale. La machine dont il va être question a été inventée par M. Richard, de Paris; on l'a fait fonctionner à l'Exposition des sciences appliquées à l'industrie.

Le principe de l'invention consiste en ce que l'animal déploie toute la force résultant de son poids brut. Une petite case contient l'animal; elle repose sur un axe que supporte l'ensemble de la machine. On voit le chien dans la position du repos (fig. 185); le poids de l'animal, quand il maintient son centre de gravité, n'exerce aucune action sur la roue. Mais quand la case prend forcément la position indiquée par les lignes ponctuées de la figure 186, c'est-à-dire quand la tangente forme un angle aigu avec la verticale, le seul poids de l'animal suffit immédiatement pour faire tourner la roue dans la direction des flèches. Le chien, se sentant glisser, marche naturellement en avant. Toutefois, le résultat complet est obtenu quand le corps est placé entièrement sur la ligne descendante, et ce résultat provient uniquement du poids de l'animal.

On ajoute en E (fig. 186) une plate-forme fixe, juste en dessous et en dehors de la courroie sans fin, afin d'empêcher le poids de l'animal au repos de peser sur cette dernière. Une écuelle, qu'on aperçoit au-dessus du tambour B, permet au chien de boire quand il se repose.

L'origine de cette découverte est digne d'intérêt. M. Richard confectionne des uniformes militaires et emploie un grand nombre de machines à coudre. Il a reconnu que ces dernières exercent une influence fâcheuse sur la santé de ceux qui les font marcher. Le calcul démontra que tout autre genre de force

motrice absorberait environ la moitié du petit profit obtenu par
ce mode de travail. Il imagina donc son « moteur quadrupède »,
à l'usage de nos intelligents caniches français, qui sont aisément
dressés et nourris à bon marché. Grâce à ce procédé, il est en
mesure de faire marcher quatre lourdes machines à coudre, qui
ne fonctionnent pas constamment, mais avec intermittences,
suivant les besoins, et cela avec une dépense à peine appréciable.

APPAREIL CARRÉ POUR FRAPPER LES CARAFES.

On répète souvent dans les cours de physique une expérience
qui consiste à faire congeler de l'eau en la plaçant dans le vide
de la machine pneumatique. L'eau est versée dans une petite
soucoupe, emprisonnée sous la cloche de verre de la machine ;
quand l'opérateur a donné quelques coups de piston, l'eau commence à entrer en ébullition, puis elle se transforme en une
masse solide de glace. Il est facile de comprendre ce qui se passe
dans cette expérience. L'eau se met à bouillir aussitôt que la
pression de l'air n'agit plus à sa surface ; mais, pour passer de
l'état liquide à l'état gazeux, sans le secours d'un foyer extérieur,
elle emprunte de la chaleur aux corps environnants, et elle se
refroidit elle-même, au point de se solidifier. C'est cette expérience très simple que M. Carré a mise en pratique dans l'appareil ci-contre (fig. 187). Une petite pompe à main fait le vide dans
la carafe que l'on adapte (à l'aide d'un anneau de caoutchouc formant bouchon) au tube métallique avec lequel elle est mise en
relation.

L'eau contenue dans la carafe ne tarde pas à entrer en ébullition ; la vapeur qui se dégage traverse un réservoir intermédiaire rempli d'acide sulfurique qui l'absorbe et la condense presque instantanément ; au centre du liquide contenu dans la
carafe, on voit rayonner d'un centre commun quelques aiguilles
de glace, qui grandissent à vue d'œil, se multiplient avec rapidité
au sein de l'eau ; celle-ci se transforme bientôt en une masse
solide de glace. L'expérience s'exécute très facilement ; une ca-

rafe pleine d'eau est complètement gelée en moins d'une minute, et le nombre des coups de piston à donner ne nécessite par conséquent aucune fatigue.

L'appareil peut être utilisé avec avantage, à la campagne et dans toutes les localités éloignées des villes, où l'on ne trouve pas de glace dans le commerce. Le seul inconvénient qu'il présente est

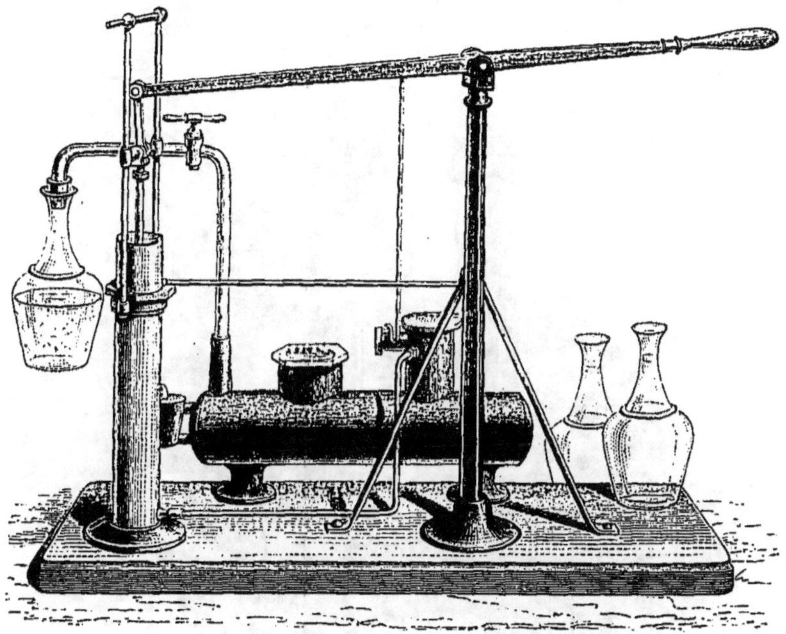

Fig. 187. — Appareil Carré pour frapper les carafes. (Page 283.)

dans l'emploi de l'acide sulfurique, dont il consomme des quantités assez considérables pour l'absorption de la vapeur d'eau. Mais, en prenant les précautions nécessaires, on peut mettre à profit cet ingénieux appareil, qui est appelé à rendre de grands services à l'époque des chaleurs de l'été.

Le problème de la fabrication vraiment économique de la glace est un de ceux qui préoccupent le plus sérieusement les chimistes et les ingénieurs; mais, malgré tous les efforts qui ont été faits jusqu'ici, il n'est pas encore résolu d'une façon complète.

Les appareils qui ont été construits, sur quelque principe qu'ils reposent, offrent généralement certains inconvénients, qui élèvent le prix de la glace obtenue, ou qui apportent des perturbations à leur fonctionnement.

Fig. 188. — Lampe-veilleuse indiquant l'heure. (Page 286.)

Dans les grandes villes, la conservation, à l'aide de glacières, de la glace formée pendant l'hiver, est encore le meilleur moyen de se pourvoir d'eau solidifiée au moment des chaleurs de l'été.

LAMPE-VEILLEUSE INDIQUANT L'HEURE.

Notre gravure 188 représente un système ingénieux qui permet de donner l'heure au moyen de la combustion de l'huile d'une lampe. Le dessin s'explique pour ainsi dire de lui-même; au-dessus du réservoir d'huile sont adaptés deux tubes verticaux en verre. Le tube gauche contient de l'huile, il est muni de graduations qui représentent les heures; le tube de droite se termine par la mèche imbibée d'huile qui produit la lumière par sa combustion. L'appareil a été construit par l'inventeur M. Henry Behn, de telle façon qu'il faut une heure de temps pour consumer la quantité d'huile contenue entre deux graduations. Un réflecteur disposé au-dessous de la flamme projette un rayon lumineux à travers le tube gradué. Pendant la nuit, on peut distinctement voir à quelle hauteur est située l'huile dans le tube gradué, et lire l'heure correspondante.

LAMPE RÉVEILLE-MATIN.

Le petit appareil représenté ci-contre (fig. 189) constitue un réveille-matin ordinaire; cet appareil est surmonté d'une lampe à pétrole portant un petit brûleur qui reste allumé toute la nuit et qui sert de veilleuse. Le réveille-matin porte un petit index (représenté en pointillé sur la figure) que l'on dispose sur l'heure à laquelle on veut être réveillé. Ce petit index est relié au mouvement de telle sorte qu'à l'heure fixée, il vient déclancher une tige verticale représentée sur la droite de la figure. Cette tige, sollicitée par un ressort, porte une crémaillère qui vient agir sur la vis qui sert à élever la mèche, préalablement abaissée. La mèche ainsi soulevée vient s'allumer au contact du petit brûleur et répand une vive clarté; la lumière ajoute son effet au bruit du carillon, pour secouer la paresse du dormeur.

La lampe réveille-matin que nous signalons est, paraît-il, très répandue à New-York.

LAMPE A PÉTROLE.

La lampe représentée un peu plus loin (fig. 190) brûle de la

gazoline ou gaz Mille sans la moindre odeur et sans le moindre
danger d'explosion. Elle brûle tout aussi bien le pétrole et l'huile
naphte. Son maximum de clarté s'obtient avec des gazolines du
de poids de 660 grammes au litre.

Fig. 189. — Lampe réveille-matin. (Page 286.)

Voici la description de ce système. La partie centrale ou porte-
mèche comporte un orifice AB traversant toute l'embase et par
lequel l'air s'introduit au centre de la flamme. Deux lames verticales soudées en dedans divisent ce courant d'air en quatre filets.
Le porte-verre ou galerie forme avec le verre trois enveloppes
concentriques, étagées avec les bords du porte-mèche de façon à

ce que l'air, qui arrive en lames cylindriques, soit de plus en plus infléchi sous la flamme. Des orifices soigneusement réglés, *a*, *b*, donnent accès à l'air extérieur. En y comprenant le courant d'air central, il y a donc quatre courants d'air, dont trois en lames minces, qui viennent heurter la flamme. Ce sont d'excellen-

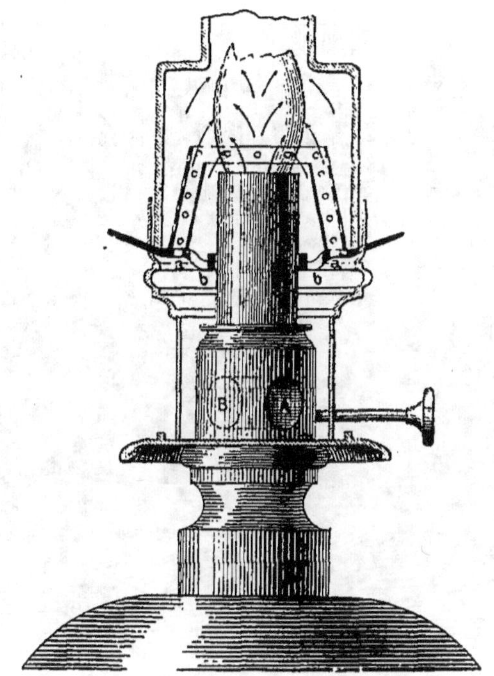

Fig. 190. — Coupe de la nouvelle lampe à pétrole. (Page 287.)

tes conditions pour obtenir une parfaite combustion ; par suite, absence d'odeur et de fumée et belle intensité lumineuse.

Nous ajouterons que cette lampe reçoit indifféremment n'importe quel verre, soit le verre dit modérateur, à coude d'équerre, soit le verre allemand, étranglé, que sa complète répartition d'air très chaud pour la première lame, moins chaud pour les autres, s'oppose au coup de feu sur la cheminée, et par suite qu'on

ne casse jamais les verres; ces deux observations seront certes
goûtées en province, où la difficulté de se munir de cheminées
convenables est souvent une grosse affaire. La lampe en question
ne peut recevoir de liquide nouveau sans qu'il soit nécessaire de
dévisser le bec, ce qui force à l'éteindre pour cela et supprime la
plupart des chances d'explosion; si nous ajoutons enfin qu'un bec

Fig. 191. — Une souricière économique. (Page 290.)

12 lignes éclaire le double d'un bec modérateur de même force
et ne consomme que 3 à 4 centimes à l'heure, et que sa lumière a une fixité absolue, nous aurons tout dit sur ce modeste
ustensile.

UNE SOURICIÈRE ÉCONOMIQUE.

Ce petit appareil, que tout le monde peut facilement construire,
est, au dire d'un observateur digne de foi, très utile et très effi-

cace ; aussi nous sommes-nous décidé à le placer sous les yeux de
nos lecteurs. C'est un cône de fil de fer, fixé sur une planchette
de bois, et ouvert, à sa partie supérieure, d'un trou circulaire,
garni de tiges verticales, qui donne accès aux souris, mais qui ne
leur permet plus de sortir. Les souris sont attirées par quelques
morceaux de lard que l'on a placés dans la cage de métal, en guise
d'appât. Elles pénètrent par l'orifice supérieur et se régalent d'un
mets délicat, sans se douter qu'elles ont franchi la porte d'une
prison, où l'on entre facilement, mais d'où l'on ne saurait s'échapper (fig. 191). Ceux de nos lecteurs que les souris incommodent
peuvent tenter le système ; nous serons heureux d'avoir contribué à les débarrasser de ces petits ennemis.

UN BON SYSTÈME DE ROBINET.

Le robinet excellent que nous recommandons ici est dû à un
ouvrier fondeur en bronze à Angoulême, M. Guyonnet (fig. 192).
Il consiste en une tige filetée munie d'un tampon de caout-

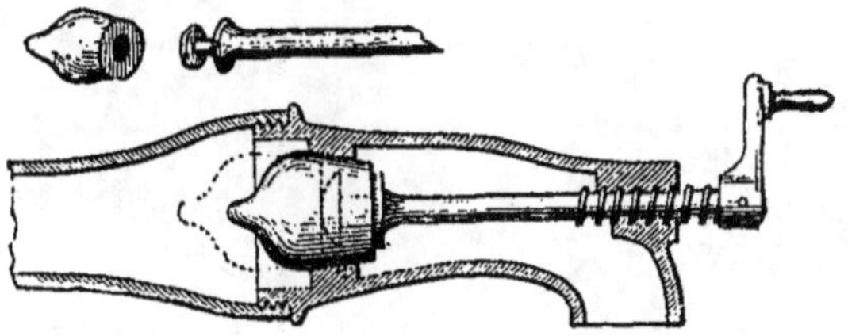

Fig. 192. — Robinet système Guyonnet.

chouc, cône vers la tige, aminci vers l'arrivée de l'eau suivant
une double courbure, qui a pour effet de diviser sans choc la
veine liquide et de l'amener dans un passage annulaire calculé
de telle façon que la veine n'est pas laminée et passée à la filière,
ni brusquement coudée comme dans la plupart des robinets
existants. Les conséquences sont faciles à déduire : un faible
déplacement du tampon laisse écouler un volume d'eau relativement beaucoup plus fort que celui que verserait un robinet

de même grosseur ; une légère incrustation, du vert-de-gris, un brin de paille, peuvent se trouver pris par le tampon sans que la fermeture cesse d'être parfaite ; le coup de bélier n'existe pas. Enfin, pour prévoir le cas extrêmement rare de réparations à affronter, l'enveloppe a été formée de deux pièces, l'une ne se déplace jamais une fois fixée ; la tête seule serait à enlever, et se dévisse aisément. Quant au tampon, il s'adapte sur la tige comme une boutonnière à son bouton, et, ne coûtant que 15 centimes, il constitue une réparation à la portée des plus exigeants.

Les déformations que la gelée la plus intense apporte à cet appareil, sont sans influence sur son herméticité, grâce à la malléabilité du tampon de caoutchouc.

Enfin, et par suite de ces diverses dispositions, ce robinet se fait très mince, exige très peu de façons, et coûte fort bon marché.

CHAPITRE IX

LES APPAREILS DE LOCOMOTION

Tout le monde connaît la voiture, la charrette, le canot et les différents moyens de transport : nous allons montrer que ces moyens de transport si usités, peuvent être variés, modifiés de bien des manières, et former l'objet de récréations et de constructions très intéressantes.

Voici, par exemple (fig. 193 et 194), un mode de transport tout à fait inconnu dans nos régions. Nous dirons ici en quels termes l'auteur anonyme du curieux véhicule que nous représentons, en fait ressortir les qualités.

« Mon véhicule transporte quatre personnes, non compris le cocher ; il est solide, aisé à traîner ; il ne lui faut, pour tourner, que la longueur du cheval ; on est entièrement maître de la bête, il est d'un accès facile, il ne soulève pas de poussière insupportable, à moins qu'on n'ait le vent à l'arrière et que le cheval ne soit pas assez leste pour s'en éloigner. Sa construction ne coûte pas cher ; le harnachement n'est pas luxueux, sauf la têtière ; le cheval est protégé contre le soleil, la pluie et les mouches. Si l'animal tombe, vous ne vous en trouvez pas plus mal que s'il était attelé à une chaise de poste ou à une charrette.

Enfin, et ce n'est pas à dédaigner, tout cheval fera votre affaire,
pourvu qu'il ait de bonnes jambes, une belle queue et une respiration vigoureuse. Le nouveau véhicule peut être construit de
telle sorte que les voyageurs soient assis commodément dans
différentes positions, comme l'indiquent nos gravures, dos contre
dos, comme sur l'impériale d'un omnibus, ou face contre face,

Fig. 193. — Nouveau véhicule américain, vu de côté. (Page 292.)

deux par deux. Un grand avantage du système consiste en ce
que le poids se fait sentir principalement près du collier du cheval; un autre mérite consiste dans le rapprochement du cocher
et du cheval : l'homme peut ainsi se faire entendre aisément de
l'animal et le taper doucement s'il se montre mécontent de la
charge qu'il doit supporter. Si le cheval s'avisait d'être récalci-
trant, il ne pourrait ni se cabrer ni ruer au détriment de qui que
ce soit.

« J'estime le coût d'une voiture ordinaire à 2,000 francs; un

beau cheval vaut le même prix, un joli harnachement Baker
500 francs ; total, 4,500 francs.

« Mon véhicule ne coûte qu'environ 1,000 francs, le cheval

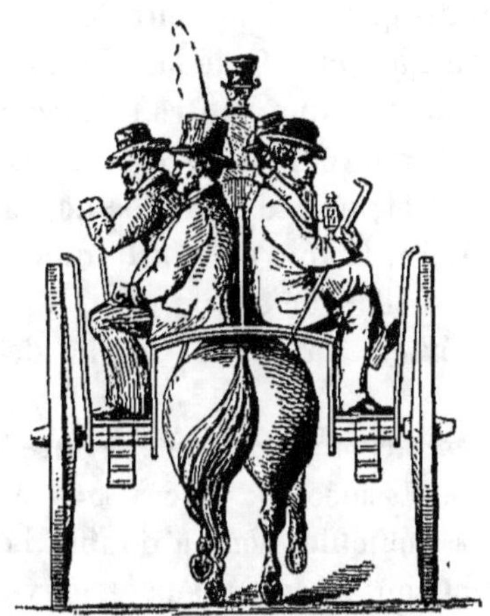

Fig. 194. — Le même, vu par derrière. (Page 292.)

environ 1,000 francs, mes harnachements 150 francs ; j'ai donc
une économie de 1,850 francs. »

RAILS SANS FIN.

Les rails sans fin, que l'on peut adapter à toute espèce de véhicules, se composent d'éléments de 0^m,30 ou 0^m,60 de longueur,
articulés entre eux, et dont les bouts reposent sur un patin commun pour assurer à la voie la stabilité nécessaire. Le rail sans fin
enveloppe entièrement les roues dans toute la longueur du train.
Le rail de droite et celui de gauche sont indépendants l'un de
l'autre. Au fur et à mesure que le train avance, les éléments de
la voie se posent devant et se relèvent derrière. Devant, ils sont
guidés par deux roues distributrices (fig. 195), gouvernées par la
traction elle-même, de sorte que, si l'effort de traction oblique

à gauche ou à droite, la voie sans fin suit automatiquement la même direction. Derrière le train, les éléments de la voie sont reliés par deux autres roues ; mais, comme dans les courbes les chemins parcourus par les deux rangées de roues des voitures ne sont pas égaux tandis que la longueur de la voie sans fin reste invariable, il s'ensuit qu'un côté de la voie, par rapport à la dernière voiture, s'allonge et que l'autre se raccourcit ; pour cette raison, les roues de relèvement de derrière sont munies d'un mouvement différentiel ; quand l'une recule, l'autre avance d'autant ; de cette manière, la voie est constamment appuyée et relevée régulièrement quelle que soit la courbe parcourue (les voitures tournent aisément dans une courbe de 6 à 7 mètres de rayon).

Le rail sans fin est accompagné de l'arrière à l'avant fort simplement par des galets spéciaux placés sous le plancher des wagons. Les roues des véhicules sont à double boudin pour éviter tout déraillement et sont montées sur essieux comme l'on veut, mais de préférence à la manière du wagon de chemin de fer.

Le système, considéré au point de vue mécanique, offre d'abord un résultat frappant, c'est le peu d'effort que demande le train pour être mis en mouvement. La résistance au roulement mesurée au dynamomètre ne s'est trouvée être que de 12 kilogrammes par tonne, et on peut avancer hardiment que sur un même chemin, à traction égale, avec ce moyen de transport à rails sans fin, on peut transporter un poids double et même triple qu'avec les moyens ordinaires. La chose peut être vérifiée tous les jours dans le Jardin des Tuileries, avec un petit matériel, il est vrai, mais assez grand pour être démonstratif. Les trois voitures traînées par les chèvres contiennent trente enfants (fig. 196). Elles sont souvent au grand complet, le dimanche principalement ; il n'y a pas plus de deux chèvres pour les traîner, et toujours les mêmes, de deux heures à neuf heures du soir. Chacun connaît la force très limitée de ces animaux ; eh bien, sans se fatiguer, elles font régulièrement leur service, ayant souvent des charges d'environ 1000 kilogrammes (enfants et matériel). Pour traîner un poids semblable dans trois autres voitures à roues ordinaires, il faudrait une douzaine de chèvres, soit quatre par voiture ; c'est d'ailleurs ce nombre que l'on attèle aux petites voitures qui promènent les enfants dans les Champs-Élysées.

L'économie de transport est donc incontestable.

La vitesse normale est de 4 à 6 kilomètres à l'heure, c'est-à-dire que le système n'est pas destiné aux voyageurs, mais uniquement aux marchandises.

Les applications de ce système pourraient être très nombreuses sur toutes les routes, pour toutes sortes de transports, en utilisant pour la traction les chevaux, les bœufs et surtout les machines

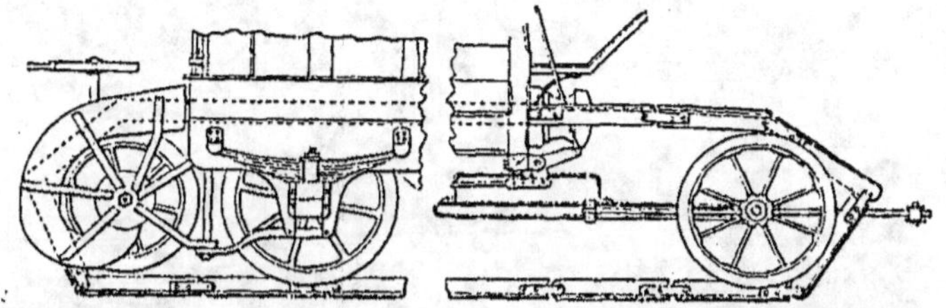

Fig. 195. — Avant et arrière-train d'un convoi pourvu d'un système de rails sans fin. (Page 295.

routières, dans les mines et usines, pour desservir les gares de chemins de fer, aux colonies dans les plantations, etc., etc.

L'inventeur, M. Ader, destinait particulièrement le système aux transports dans les Landes ; à l'aide de leurs patins, les rails tiennent très bien sur le sable mouvant ; sur un terrain semblable, la voie se pose et fonctionne aussi bien que sur un chemin ordinaire. De sorte que dans les Landes, au lieu d'empierrer à grands frais les routes, on n'aurait seulement besoin que de les tracer et de couper les hautes fougères. Ce serait une vraie fortune pour ce pays ; il y a des étendues énormes de terrains et des forêts de pins, où le bois et la résine se perdent sur place et qu'on ne peut pas exploiter, faute de chemins.

Il serait facile d'employer le système de rails sans fin à bien des transports de différente nature, dans les campagnes et dans un grand nombre de localités où les routes font défaut.

Fig. 196. — Rails sans fin adaptés à un train de voitures aux chèvres dans le Jardin des Tuileries, à Paris. (Page 295).

LES WAGONS A VOILE.

« La force du vent, agissant sur des voiles, peut être appliquée aussi bien sur terre à la direction d'une voiture que sur mer à celle d'un navire. » Ainsi s'exprime l'évêque Wilkins, dans le second livre de sa *Magie mathématique*, imprimé à Londres en 1648. « Des voitures semblables, ajoute-t-il, ont été employées de

Fig. 197. — Une voiture à voile en Hollande au dix-septième siècle. (D'après une gravure du temps.)
(Page 299.)

temps immémorial en Chine ainsi qu'en Espagne dans les pays de plaines, mais c'est principalement en Hollande qu'on les a utilisées avec le plus grand succès. Dans ce dernier pays, elles dépassaient de beaucoup la vitesse d'un navire quelconque qui aurait été poussé en pleine mer par le vent le plus favorable. Ainsi, en quelques heures, une voiture à voiles transportait 5 à 10 personnes, sur un espace de 148 à 222 kilomètres, et cela avec très peu de peine pour celui qui était assis au gouvernail, cet homme pouvant guider à son gré la direction du véhicule. »

L'étonnement du bon évêque et de ses contemporains, relativement à la vitesse d'impulsion, était parfaitement justifié, car une voiture à voiles hollandaise, construite comme l'indique la figure 197, parcourait 56 kilomètres par heure. Or c'était là une vitesse alors inconnue, quel que fût le moyen de locomotion employé. « Des hommes, courant devant ces voitures, paraissaient avancer en sens inverse, tant ils étaient vite dépassés. Des objets situés à une grande distance étaient atteints en un clin d'œil et laissés derrière le véhicule. » Effectivement, tant que les chemins de fer restèrent inconnus, il est évident que les voitures à vent durent surpasser en rapidité tous les autres moyens de locomotion, et l'on a peut-être lieu de s'étonner de ce que des efforts ne furent pas faits pour perfectionner cette navigation terrestre. Toutefois l'évêque Wilkins n'eut pas ce reproche à s'adresser, car il adapta au véhicule un moulin à vent, « par lequel il disposa les voiles de telle sorte que les ailes tournaient, quelle que fût la direction du vent. » Il proposa de faire agir les voiles sur les roues de la voiture « pour transporter voiture et moulin à la fois, n'importe dans quel endroit, même dans une direction tout opposée à celle du vent. » Cette même invention a été renouvelée, il y a quelques années, aux États-Unis, et peut-être pourrait-on en conclure d'une façon peu charitable que, si après un travail de deux siècles et demi nos inventeurs n'ont rien pu faire de mieux que de recourir à l'idée du vénérable évêque, on a atteint l'*ultima Thule* en fait d'inventions relatives aux véhicules à voiles. Cependant le bateau à glace qui glisse sur les lacs gelés est probablement le fils de la voiture à voiles, et les petits véhicules que mettent en marche d'énormes cerfs-volants, tels que les construit maint écolier ingénieux, ont de l'analogie avec les inventions qui nous occupent en ce moment.

Il est intéressant de faire remarquer que, si les chemins de fer ont fait renoncer aux voitures à voiles, ce sont ces mêmes chemins de fer qui vont faire renaître cette ancienne invention. Des véhicules à voiles sont aujourd'hui employés sur les prolongements de rails à l'aide desquels on traverse les immenses prairies.

de l'Ouest aux États-Unis et la vitesse obtenue égale, dit-on, celle des trains express les plus rapides. Nous devons à l'obligeance de M. L. O. Wood, de Hays City, Kansas, la photographie d'après laquelle nous donnons ici le dessin du wagon à voile, imaginé par

Fig. 198. — Wagon à voile annuellement employé sur le chemin de Kansas-Pacifique aux États-Unis. (Page 301.)

M. C. J. Bascom, du chemin de fer Kansas-Pacifique (fig. 198). Cette voiture fait environ 30 milles (48 kilomètres) à l'heure; elle atteint la vitesse de 40 milles (64 kilomètres) par heure, quand la brise est impétueuse. Cette dernière vitesse a été obtenue à l'aide d'un vent poussant le wagon en droite ligne. 84 milles (135 kilomètres) ont été franchis dans l'espace de quatre heures la direction du vent étant contraire, sur une partie de cette distance, et les rails faisant de nombreuses courbes sur le parcours.

Le nouveau véhicule a quatre roues, chacune de 30 pouces de diamètre; il a 6 pieds de long et pèse 600 livres. Deux mâts portent les voiles, qui ont de 14 à 15 pieds de long avec une aire totale d'environ 81 pieds carrés. Le mât principal a 11 pieds de haut; il a 4 pouces de diamètre à sa base et 2 à son sommet. Inutile de dire que plus d'une loi présidant à la direction du bateau à glace s'applique à celle de la voiture à voiles. Il est à remarquer que, lorsque cette dernière parcourt 40 milles (64 kilomètres) par heure, elle acquiert, au dire des expérimentateurs, une vitesse supérieure à celle du vent qui la pousse. La même observation a souvent été faite à propos du bateau à glace. D'un autre côté, les bateaux à glace vont bien, surtout quand le vent leur est contraire; en effet, la voile est toujours plate à l'arrière; quant à la voiture à voiles, c'est surtout lorsque le vent la prend par le travers qu'elle avance avec la plus grande rapidité.

Naturellement la différence provient de la résistance plus grande offerte par les surfaces plus larges et plus élevées de la carcasse du véhicule, ainsi que par les personnes transportées et du frottement des tourillons de l'essieu, ce qui, probablement, dans les circonstances ordinaires, suffit pour empêcher la voiture à voiles d'obtenir la vitesse qu'atteint le bateau à glace (page 312).

M. Bascom nous dit que son wagon est très sérieusement utilisé sur le chemin de fer Kansas-Pacifique, où l'on s'en est servi pour transporter les objets nécessaires à la réparation des pompes, des lignes télégraphiques, etc., sur tout le parcours. Le wagon à voiles est d'une construction fort peu coûteuse; il en est de même de son entretien. Il économise le travail des hommes poussant devant eux des camions ou des brouettes.

NOUVEL APPAREIL DE NATATION.

Après les moyens de transport terrestres, nous nous occuperons de ceux que l'on peut employer pour aller sur l'eau.

La figure que nous publions ci-contre (fig. 199) donne une idée très complète d'un ingénieux mécanisme qui a été expérimenté à plusieurs reprises et avec un plein succès, à Mobile, aux États-Unis. L'inventeur est M. Richardson.

L'appareil consiste essentiellement en un flotteur traversé par un arbre longitudinal, muni à sa partie inférieure d'une petite hélice servant de propulseur. L'arbre est mis en rotation tout à la fois à l'aide d'une manivelle actionnée par les bras du nageur, et d'une pédale de même système actionnée par ses pieds. Le nageur couché sur le flotteur avance ainsi avec une grande rapidité et sans beaucoup de fatigue ; la tête élevée au-dessus de l'eau se trouve dans une position très avantageuse pour faciliter la respiration. M. Richardson a pu exécuter avec ce mécanisme un parcours de 7 kilomètres sur l'eau, dans l'espace d'une heure. Nous avons reçu une lettre d'un ingénieur américain qui, en nous donnant la description de cet ingénieux système, nous en a fait un grand éloge. La construction de l'appareil est facile et pourra peut-être tenter parmi nous quelque amateur de natation.

On a beaucoup parlé dans ces derniers temps des appareils assez compliqués du capitaine Boyton ; nous nous garderons de nier leur efficacité comme système de sauvetage, mais il nous semble que les essais dont nous venons de faire mention offrent un caractère d'originalité tout particulier, et que cette union directe de l'hélice à la force musculaire doit être très avantageuse.

VÉLOCIPÈDE NAUTIQUE.

Il y a quelques années, Crocé-Spinelli construisit un vélocipède nautique qui fut expérimenté sur le grand lac de Vincennes, et sur la Seine même, où il attira l'attention du public ; mais la guerre de 1870-71 vint arrêter ces expériences, qui ne devaient pas être reprises par son inventeur, victime de son amour pour la science et l'aérostation.

Depuis cette époque, M. Jobert, constructeur-mécanicien, a repris l'idée de Crocé-Spinelli, et il a imaginé un nouveau vélocipède nautique dont la construction est fort ingénieuse,

Fig. 192. — Nouvel appareil de natation américain. (Page 303.)

et dont les résultats sont des plus satisfaisants. L'appareil se

Oiseaux dans un Aquarium

Fig. 200. — Un nouveau vélocipède nautique. (Page 303.)

composé de deux flotteurs creux en fer-blanc, ayant la forme
de cylindres, aux extrémités effilées. Les deux flotteurs sont
reliés par une plate-forme de bois très légère, qui supporte le
siège du conducteur, et le mécanisme qui met en mouvement
le vélocipède à la surface de l'eau. Ce mécanisme est très simple :
il consiste en une roue à aubes, dont l'axe est muni de deux étriers,
où les pieds du conducteur viennent s'appuyer. Le mouvement
que le *vélocipédiste* exécute pour faire fonctionner le vélocipède
nautique, est tout à fait comparable à celui que nécessite la con-
duite d'un vélocipède terrestre ; ses deux pieds s'abaissent et s'é-
lèvent alternativement, imprimant un mouvement de rotation à
la roue, qui fait progresser le système flotteur à la surface de l'eau.

Pour obtenir une déviation à gauche ou à droite de la marche
rectiligne, un gouvernail léger est disposé à l'arrière de l'appareil.
On le fait mouvoir par l'intermédiaire de deux cordelettes qui
viennent s'adapter à une poignée tournante, placée sous les mains
du conducteur. Celui-ci, comme l'indique notre figure 200,
page 305, prend la position du *vélocipédiste* terrestre ; tandis que
le mouvement de progression sur l'eau lui est assuré par les efforts
de ses jambes, la translation de l'appareil à droite ou à gauche
de sa route dépend du mouvement qu'il imprime à l'aide de ses
mains à la poignée, adaptée au-dessus de la roue à aube. Il peut
donc progresser facilement à la surface d'un lac ou d'une rivière
en toute facilité et avec une rapidité qui atteint celle d'un canot
conduit par un rameur.

Le constructeur, M. Jobert, nous a assuré que le nouveau
vélocipède nautique fonctionnait également bien à la surface de
la mer, même lorsque les vagues sont fortes, et que, dans ce cas,
le système traversait les masses d'eau qui semblaient devoir s'op-
poser à sa marche.

Sur les rivières, le vélocipède nautique est très avantageux pour
l'amateur de bains froids ; celui-ci peut laisser flotter le système
à la surface de l'eau, tandis qu'il se baigne, et y remonter en
toute facilité, pour continuer sa course. Il va sans dire qu'il est
indispensable d'être bon nageur pour se servir de cet appareil.

LE PLUS PETIT BATEAU A VAPEUR DU MONDE.

La gravure ci-contre (fig. 201) représente le petit bateau à vapeur *la Niña*, construit à Fordham (État de New-York), par les soins de M. J. Davidson, de cette ville.

La quille mesure 4 mètres de long sur 0^m,75 de large. Le tirant d'eau est de 0^m,16 à l'avant quand le bateau est chargé, de 0^m,21 à l'arrière. La chaudière circulaire est en cuivre recouvert de feutre; elle est longue de 0^m,54, son diamètre est de 0^m,46. Le foyer a 0^m,27 de diamètre. Il est de forme cylindrique et contient vingt-deux tubes transversaux, en deux rangées. Les tubes inférieurs constituent la grille.

La course du piston est de 2 3/4. La pompe alimentaire est mue par le travail manuel. Les hélices, au nombre de deux, sont à ailes de trois, 0^m,37 de diamètre, également propres à fonctionner dans les eaux basses ou profondes. La dépense en charbon est d'un seau et demi par jour. Avec une pression de 50 livres, le bateau s'avance doucement à raison de 7 kilomètres par heure ; mais, avec une chaudière d'acier capable de supporter une pression de 100 livres, on obtient aisément une vitesse de 9 kilomètres environ.

La coque est construite sur le modèle du *Nautile*, en noyer d'Amérique, chêne et cèdre, assujettis à l'aide de lames de cuivre. C'est une merveille de solidité et de légèreté.

Deux cloisons étanches maintiennent le navire à flot, soit qu'il s'enfonce ou qu'il chavire. Un tuyau en caoutchouc, injecté de vapeur, fait disparaître rapidement toute accumulation d'eau à l'intérieur. La cheminée est installée de façon à s'abaisser si l'on passe sous un pont un peu bas ou lorsqu'on remise le bateau dans sa petite cabane.

Durant une croisière de longue durée, la réserve de combustible, les outils, les provisions sont réunis dans la petite allège étanche qui est remorquée à l'arrière ou simplement attachée sur les côtés, de façon à amortir le choc des vagues dans les gros temps. Le bateau transporte également, divisé en sections, un

Fig. 201. — Le plus petit bateau à vapeur du monde. (Page 308)

petit truc ou système de rails, sur lequel il peut être tiré sur le rivage ou lancé à l'eau.

Les poids des différentes parties du petit navire sont les suivantes : carène, 90 livres ; chaudière, 80 livres ; machine, 25 livres ; tuyaux, arbre, hélice, manomètre, 20 ; total : 215. Quarante livres de bon charbon peuvent être arrimées de chaque côté de la chaudière, dans des sacs de toile.

L'appareil de la timonerie consiste en un étrier disposé à bâbord et un cordage formant levier à tribord. Des fils de fer mettent ce système en communication avec le joug du gouvernail, de telle sorte qu'on peut diriger celui-ci avec le pied et que les mains restent libres pour manœuvrer la machine. Le voyageur peut ainsi mettre le bateau en mouvement, l'arrêter, lui faire exécuter volte-face et le diriger sans se déplacer.

Ce bateau est admirablement adapté à une navigation sur une rivière paisible ou sur une baie calme. Il peut être recommandé à l'amateur de mécanique qui désirerait cumuler les fonctions de capitaine, de matelot et de chauffeur. Ce joli petit steamer revient au prix de 6,000 francs, mais cette somme pourrait être notablement diminuée si l'inventeur pouvait en construire à la fois un certain nombre d'exemplaires.

Nous apprenons que *la Niña* a fonctionné à plusieurs reprises, et que ce bateau à vapeur minuscule a donné, quant à sa marche, les résultats les plus satisfaisants.

LES BATEAUX A GLACE.

Pendant l'hiver, les amateurs de canotage américains se construisent des *yachts à glace (ice yacht)* formés d'un châssis, monté sur une traverse de bois munie à chacune de ses extrémités d'un patin allongé ; ces yachts sont en outre pourvus d'un troisième patin à l'arrière, comme le montre la gravure ci-après. Ce genre de sport a obtenu un très grand succès en 1879, sur les glaces de l'Hudson et sur celles des petits lacs du Canada. Les Américains affirment que ces yachts à glace, par la seule impulsion d'une bonne brise soufflant dans leur voile, peuvent rivaliser de vitesse avec un train express de chemin de fer. La voile est placée à l'avant de la charpente, et son orientation par le pilote permet de diriger le véhicule d'un si nouveau genre.

Le yacht que nous représentons sur le premier plan de notre gravure (fig. 202) a été construit par M. Aaron Innes de Poughkeepsie (États-Unis); la quille a environ 8 mètres de longueur; le mât a 7 mètres de hauteur. Les autres constructions sont faites sur le même modèle.

Il existe au musée naval de South-Kensington, à Londres, des modèles de yachts à patins, finlandais, qui sont pourvus de deux voiles. Les amateurs américains ne se servent que d'une voile; ils affirment, ce que nous répéterons sans en prendre la responsabilité, que le yacht à glace, une fois lancé, se meut parfois avec une rapidité plus grande que celle dont est animé le vent qui le pousse sur la surface glacée.

VOITURE TRAÎNÉE PAR DES PUCES.

Nos lecteurs ont certainement entendu parler de certains entomologistes forains, qui passent pour connaître l'art difficile de dresser des puces, pour savoir les atteler à des chariots microscopiques et leur faire exécuter un certain nombre d'exercices. On est généralement porté à ne pas ajouter foi à ces récits : ils sont cependant absolument véridiques.

A l'occasion des fêtes du jour de l'an, un *montreur de puces* a exhibé, rue Vivienne, à Paris, les merveilles de son savoir-faire. Nous les avons examinées attentivement et nous les décrirons ici avec la plus scrupuleuse exactitude, croyant que nous ne pouvons mieux terminer ce chapitre qu'en parlant de cet extraordinaire et minuscule système de locomotion.

Chaque objet exhibé est placé sur un petit plateau; on le voit très nettement à l'œil nu, mais, en s'armant d'une loupe, on peut en observer plus complètement tous les détails. On voit d'abord un carrosse lilliputien, véritable petit chef-d'œuvre de construction délicate. Quatre puces y sont attelées, retenues au brancard par des ceintures qui les y maintiennent solidement,

Une puce est fixée sur le siège, et une mince tige, imitant le fouet de ce cocher d'un nouveau genre, est attachée à la patte de l'insecte, qui la fait constamment mouvoir. Une autre puce est fixée au siège de l'arrière. Les quatre puces attelées cherchent naturellement à s'échapper ; elles ne peuvent sauter, puisqu'elles sont retenues par la partie supérieure du corps, leurs efforts se

Fig. 202. — Les yachts à glace aux États-Unis sur un petit lac du Canada. (Page 310.)

traduisent par la marche et la progression en avant ; elles font ainsi rouler le petit carrosse, que l'on voit s'avancer plus ou moins vite, et dont notre gravure donne la représentation exacte sous un grossissement de quelques diamètres (fig. 203).

A côté du carrosse, deux puces se battent en duel à la façon des hannetons que les écoliers posent dans la cire molle. Elles sont attachées à l'extrémité de deux tiges verticales, et les deux petits morceaux de bois qu'on a adaptés à leurs pattes toujours en mou

vement se croisent et s'entre-croisent comme les fleurets des
amateurs d'escrime.

Plus loin un petit moulin à vent est mis en rotation par le tra-

Fig. 203. — Carrosse traîné par des puces. (D'après nature, grossi.) (Page 311.)

vail d'une puce. Celle-ci est attachée par le dos dans l'intérieur
du moulin; en agitant ses pattes, elle fait tourner un cylindre

Fig. 204. — Coup de canon tiré par une puce. (D'après nature, grossi.) (Page 314.)

monté sur un axe, et qui, par sa rotation, entraîne les ailes du
moulin.

Une autre puce est attachée par la patte à une chaîne métallique, qui se termine par un petit boulet; elle se trouve ainsi con-

damnée à la chaîne du galérien ; et tantôt elle la soulève par ses sauts, et tantôt elle l'entraîne avec elle quand elle marche.

L'exhibition ne se termine pas encore là ; le montreur de puces vous présente un puits, dont la corde est tirée par le frottement des pattes d'une puce, et l'on voit un sceau qui est élevé au-dessous de la poulie, dans la gorge de laquelle passe la corde, comme dans les puits de campagne. Une puce est enfin munie d'une selle, et l'on distingue à la loupe une petite poupée microscopique, découpée dans je ne sais quelle substance, et qui a la position d'un cavalier à cheval. Enfin, la représentation se termine par un coup de canon tiré par une puce. Nous représentons (fig. 204) l'appareil qui sert à cette opération conçue d'une manière fort ingénieuse. Une puce est attelée à un petit manège ; en marchant, elle le fait tourner. Au côté opposé à l'attelage, un petit fil de platine porte à son extrémité inférieure une gouttelette d'acide sulfurique. Le liquide arrive au-dessus de l'âme du petit canon : là il touche une poudre placée sur le canon, et formée d'un mélange de chlorate de potasse et de sucre pulvérisé, qui, comme on le sait, a la propriété de s'enflammer spontanément au contact de l'acide sulfurique. Le coup part et fait entendre une détonation très appréciable.

On voit que l'exhibition du montreur de puces est digne d'être mentionnée comme exemple d'une habileté peu commune et d'un usage singulier d'insectes qui n'ont pas le privilège d'exciter l'intérêt. On a pu comprendre, par la description précédente, que les puces dont nous avons parlé, contrairement aux affirmations de l'ingénieux industriel qui les exhibe, ne sont nullement *dressées* ni *savantes*, comme il le dit à ses spectateurs fort nombreux ; elles sont uniquement attachées, et accomplissent leurs travaux, selon nous, par le seul fait des efforts qu'elles font pour tenter d'échapper à la captivité.

CHAPITRE X

LES VACANCES

Nous ne croyons pouvoir mieux terminer cet ouvrage qu'en signalant quelques sujets d'occupations intéressantes, de distractions instructives ou de récréations agréables pour bien remplir les moments de loisir des vacances.

Il existe un grand nombre d'appareils dont l'emploi peut être agréable et souvent utile, tout à la fois ; tel est le filtre-charbon combiné à un système de siphon. La figure 205, ci-contre, en donne l'aspect. Se trouve-t-on à la campagne, au moment où des pluies ont troublé la limpidité de l'eau de la source ou du puits dont on s'alimente, il suffira d'amorcer le siphon du filtre-charbon en plongeant celui-ci dans l'eau qu'il s'agit de rendre claire. L'écoulement se fera par le siphon ; mais l'eau trouble devra traverser la petite masse de charbon, à travers laquelle elle se fera accès pour arriver à l'ouverture du tube, et elle se débarrassera, par cette filtration, de toutes les substances solides qui en troublaient la transparence.

Si l'on dispose de prises d'eau ayant une certaine pression, comme dans la plupart des grandes villes, un genre de passe-temps très instructif consiste dans la confection de jets d'eau. Celui que nous représentons, figure 206, page 317, est d'une espèce particulière. Il se produit sous une grande cloche de verre, et soulève constamment de petites balles sphériques en liège, qu'il fait bondir en les soulevant avec force. On fait arriver l'extrémité d'un tube de fer-blanc à l'ouverture d'un entonnoir de même métal ; c'est par l'extrémité de ce tube que le jet d'eau devra jaillir ; si l'ouverture de l'entonnoir est petite, et si on y a mis quelques petites balles de liège, ces balles, glissant sur les parois

Fig. 205. — Filtre siphon à charbon. (Page 315.)

en pente de l'entonnoir, seront constamment enlevées par le jet d'eau. La cloche de verre qui protège le système, les empêche de tomber au dehors. Quand elles quittent le jet d'eau, elles arrivent à la surface de l'entonnoir et sont forcément reprises par le liquide et enlevées de nouveau. Ce petit appareil, d'un fonctionnement très régulier, est facile à construire, ou à faire construire par un ferblantier.

Nos pères, beaucoup plus que nous, se plaisaient aux récréations scientifiques ; certains objets très anciens en sont un témoignage incontestable. Les *vases trompeurs*, très répandus au dix-huitième siècle et aux époques antérieures, sont basés sur un principe de physique qui sert à l'emploi des *pipettes* de laboratoire. Ces vases de terre (fig. 207) étaient construits de telle ma-

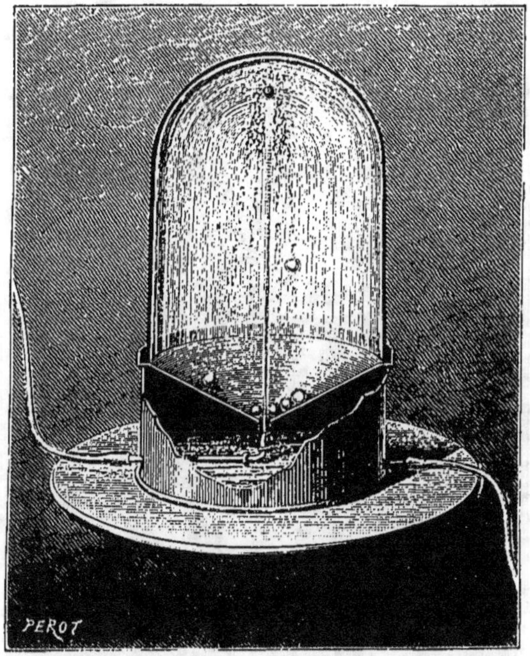

Fig. 206. — Balles de liège dans un jet d'eau. (Page 316.)

nière que, si on voulait verser le vin qu'ils contenaient, le liquide coulait par les ouvertures pratiquées tout autour du vase, et ruisselait au dehors. Celui qui savait faire usage de ces pots, mettait le bec A (fig. 208) dans sa bouche, fermait du doigt l'ouverture B et, en aspirant, il faisait monter le liquide E par l'anse creuse et par le canal pratiqué tout autour du vase.

Ces vases trompeurs affectent souvent une forme élégante ; il en existe quelques-uns dans nos collections nationales. Ceux que nous représentons se trouvent au musée de la Manufacture de Sèvres. On en confectionne actuellement des spécimens qui imitent ces anciens modèles.

Fig. 207. — Vases trompeurs du xviii° siècle. (Page 317.)

Un savant distingué du dix-septième siècle, Ozanam, membre de l'Académie royale des sciences, a donné en 1693 la description d'une curieuse voiture mécanique qui peut être considérée comme un des systèmes précurseurs du vélocipède. Nous reproduisons les gravures et le texte publiés par Ozanam, son système

étant encore de ceux que l'on pourrait exécuter assez facilement
(fig. 209 et 210, page 320).

« On voit à Paris, depuis quelques années, dit le savant acadé-
micien (ces lignes ont été écrites en 1693), un carrosse ou chaise
qui a une forme à peu près semblable à celle de la figure 208. Un
laquais, monté derrière, le fait marcher, en appuyant alternativement les deux pieds sur deux pièces de bois (fig. 210), qui
communiquent à deux petites roues cachées dans une caisse posée
entre les roues de derrière A, B, attachées à l'essieu du carrosse.

Fig. 208. — Coupe d'un vase trompeur. (Page 317.)

J'en donnerai l'explication dans les mêmes termes que je l'ai
reçue de M. Richard, médecin de La Rochelle.

« A A est un rouleau attaché par les deux bouts à la caisse qui
est derrière la chaise. B est une poulie sur laquelle roule la corde
qui lie le bout des planchettes C, D sur lesquelles les laquais
mettent les pieds. E est une pièce de bois qui tient à la caisse.
F, F sont les pédales. Les roues H, H fixées à l'essieu, étant ainsi
mises en rotation, font tourner les deux grandes roues I, I Il
est facile de s'imaginer que, les deux roues de derrière avançant,
il faut que les petites de devant avancent aussi, lesquelles iront

toujours droit si la personne qui est dans la chaise ne les fait tourner avec les rennes qui sont attachées à une flèche sur le devant. »

Fig. 209. — Ancienne voiture mécanique, d'après Ozanam.

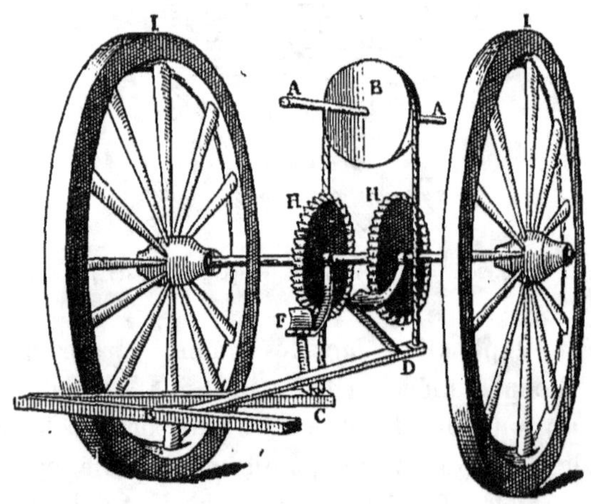

Fig. 210. — Détail du mécanisme (fac-simile d'anciennes gravures). (Page 319.)

Le même savant Ozanam a, comme nous l'avons dit dans notre introduction, écrit un livre entier sous le titre de *Récréations mathématiques et physiques*, et il ne craint pas de publier de vé-

ritables jeux d'enfance dont nous lui emprunterons quelques-
uns relatifs à d'amusantes combinaisons de cordes et de
nœuds.

Si vous attachez deux personnes par les poignets, au moyen de
deux cordelettes, de telle sorte que ces cordes s'entre-croisent en
B (fig. 211), il semblera au premier abord que les deux personnes ne pourront pas se séparer sans défaire les nœuds. Rien
n'est plus simple cependant. Il suffit de faire glisser la corde B,
entre la corde et le poignet de la personne de gauche, qui passe
elle-même à travers la boucle ainsi formée et arrive ainsi facilement à se séparer.

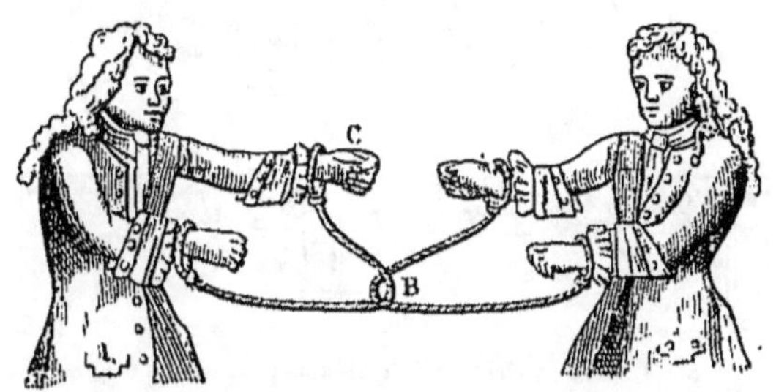

Fig. 211. — Expérience amusante faite au moyen de cordelettes d'après Ozanam. (Page 321.)
(Fac-simile d'une ancienne gravure.)

Voici une autre expérience d'Ozanam :

On prend un ruban attaché à ses deux extrémités, de manière
à ce qu'il n'ait pas de bout ; on le fait tourner autour d'un rouleau
de bois en le posant en ABCD (fig. 212), on l'engage comme
en E à l'extrémité du bâton ; cela fait, on prie un des assistants de tenir les deux bouts du bâton, on demande à une autre
personne de tirer le ruban par F ; ce ruban restera fixé au bâton
par E.

On peut répéter cette expérience de manière à faire sortir le
ruban, en procédant apparemment de la même manière ; il faut
poser le ruban sur le bâton comme le représente la figure en G,
et on peut dans ce cas le faire échapper[1].

[1] Cette expérience est longuement expliquée dans l'ouvrage d'Ozanam

Si l'on fixe des ciseaux à un ruban comme le montre la figure 213 et que l'on fasse tenir les deux extrémités du ruban dans la main d'une personne des assistants, il semble que les ciseaux ne puissent être séparés sans couper le ruban. Rien n'est plus facile au contraire ; il suffit de faire passer la boucle D dans l'anneau C, puis de suivre, le long des ciseaux, leur extrémité, jusqu'à ce que les ciseaux se séparent de la cordelette. Cette expérience s'exécute facilement après quelques tâtonnements

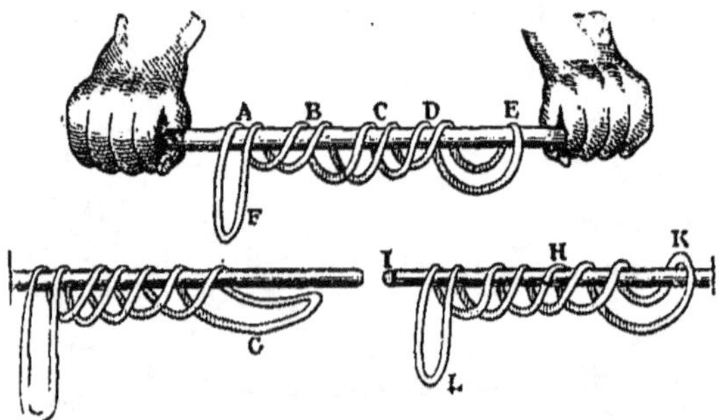

Fig. 212. — Autre expérience faite avec une cordelette. (Page 321.

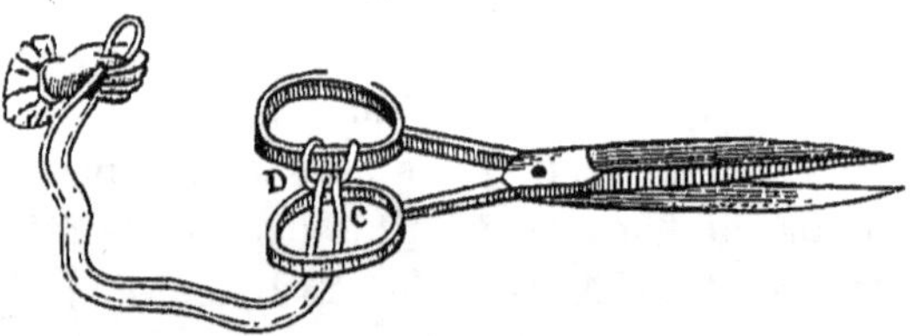

Fig. 213. — Troisième expérience faite avec une cordelette et une paire de ciseaux. (Page 322.)

préliminaires. Au lieu de faire tenir les extrémités du ruban, on peut les faire attacher solidement à un pied de table ou à une chaise.

Le croquis ci-joint (fig. 214) représente un exercice singulier auquel des collégiens peuvent s'exercer, et qui n'est pas tout à fait étranger aux principes de la physique. Il consiste à enlever un homme

auquel nous renvoyons le lecteur qui y trouvera quelques autres récréations du même genre.

avec les doigts. Deux opérateurs placent leurs index sous la bottine du patient, deux autres placent l'index bien tendu de la main droite sous chaque coude de l'individu à soulever, une cinquième personne place son index sous le menton de ce dernier. Au commandement de *une*, *deux*, *trois*, chacun fait un effort énergique de bas en haut. L'individu sur lequel on expérimente

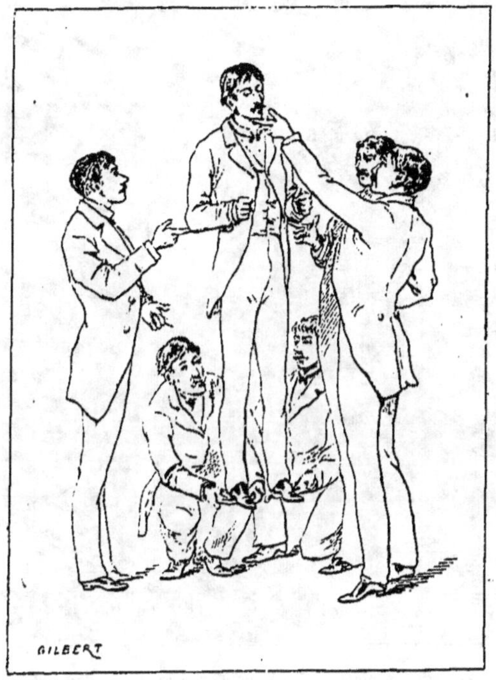

Fig. 214. — Un homme soulevé au moyen de sept doigts. (Page 323.)

est enlevé avec une facilité surprenante. On est à juste titre étonné du résultat obtenu, mais en y réfléchissant quelque peu, il y a là un simple exemple de l'égale répartition d'un poids. Un homme pèse en moyenne 70 kilogr., chaque doigt ne soulève donc que 10 kilogr., ce qui n'offre rien d'extraordinaire.

Quoi qu'il en soit, l'expérience est amusante ; elle a généralement le privilège d'exciter l'hilarité des assistants.

Un très joli jouet, qui est en même temps un appareil de physique intéressant, consiste dans le ludion. On peut faire un ludio n
au moyen d'une simple coquille de noix. Quand la noix est vidée,
on réunit les deux coques et on les soude ensemble à l'a ide de
cire à cacheter, de manière à confectionner un petit ré cipient

Fig. 215. — Ludion confectionné à l'aide d'une coquille de noix. (Page 324.)

imperméable. On y laisse une ouverture en O (fig. 215) gran de
à peu près comme une grosse tête d'épingle. Au moyen de deux
fils, adaptés dans la cire à cacheter, on attache à la noix une
poupée découpée dans du bois. On y suspend une petite balle de
plomb d'un poids suffisant pour que le système flotte à la surface
de l'eau, et soit juste équilibré de telle sorte que le plus petit sur-
croît de poids fasse couler à fond le système. Cet équilibrage se

fait très facilement par tâtonnement à la surface d'un seau d'eau.
La balle de plomb peut être d'abord plus lourde qu'il n'est nécessaire, et on lui enlève successivement des morceaux que l'on
coupe à l'aide d'un couteau. Quand l'équilibre est obtenu, on
place le système dans une carafe remplie d'eau. On bouche cette

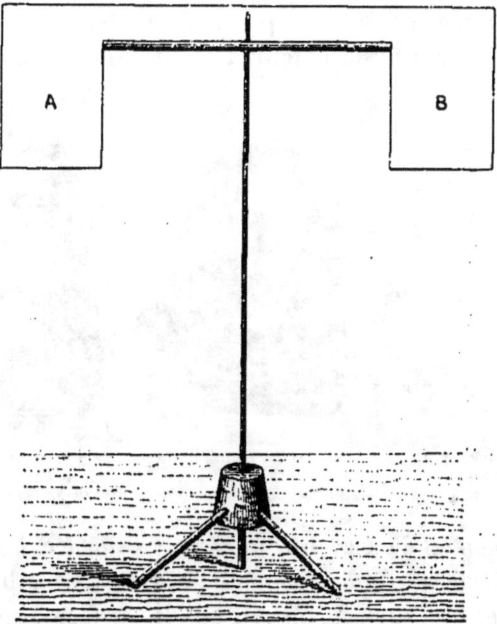

Fig. 216. — Disposition d'une feuille de papier AB pour une curieuse expérience de rotation. (Page 326.)

carafe avec une feuille de caoutchouc solidement ligaturée au
goulot. Si on presse du doigt la surface flexible de cette fermeture, la poupée avec son flotteur descend au fond de la bouteille ;
elle remonte à la surface si la pression cesse d'être faite. La petite
masse d'air comprimée à la partie supérieure de la carafe a fait
entrer un peu d'eau dans le flotteur creux, et, augmentant sa
densité, a déterminé la descente du système.

Voici une autre récréation qui exige un appareil encore plus simple que le ludion.

On prend un bouchon de liège; on y fixe trois épingles à cheveux, de manière à faire une espèce de trépied; on enfonce dans l'axe du bouchon une aiguille à tricoter un peu fine, et on y pique une feuille de papier AB découpée, comme le montre la figure 216.

On a ainsi deux surfaces de papier A et B susceptibles de tourner au moindre souffle autour de l'aiguille à tricoter servant

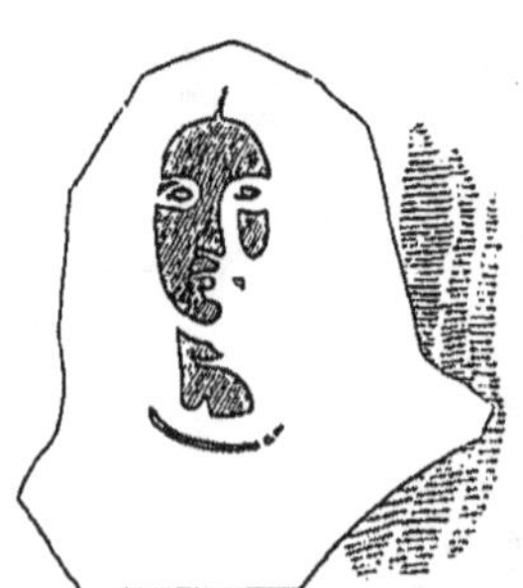

Fig. 217. — Carte découpée à l'aide de ciseaux.

Fig. 218. — Ombre projetée par cette carte.

Fig. 219. — Deuxième effet produit par la pénombre. (Page 329.)

d'axe. Eh bien, si l'on évente une de ces surfaces à l'aide d'un morceau de carton rigide, ou d'une règle plate de bois, dirigée normalement à la surface, on voit que la surface ainsi ventilée, au lieu d'être repoussée comme on le croirait, est appelée par une forte attraction. Dans certains cas, quand on emploie une surface flexible comme ventilateur, il y a répulsion. Nous avons exécuté cette expérience vraiment curieuse, devant plusieurs physiciens, sans pouvoir d'abord l'expliquer; mais nous avons fini par reconnaître que le disque de papier est attiré, parce que la palette de ventilation, en s'abaissant brusquement, détermine momentanément un vide, et que la surface de papier semble ainsi attirée vers la main qui fait agir le ventilateur.

Parmi les jeux amusants pour l'enfance, nous rappellerons

Fig. 220. — Le jeu des ombres.

un mode de récréation qui a obtenu autrefois un très grand succès. Il consiste à faire dans un papier des découpures dont l'ombre projetée représente une figure plus ou moins modelée suivant que l'ombre est plus ou moins intense. Nous en publions plus haut, un spécimen. La figure 217 représente une carte découpée avec des ciseaux ; si l'on interpose cette carte entre une lumière et un mur ou un écran, on obtient l'effet de la figure 218 si la carte est tout près de l'écran ; si on l'éloigne peu à peu en la rapprochant du foyer lumineux, on obtient l'effet représenté figure 219, où la pénombre a modelé une tête d'un aspect très artistique.

Si l'on ne veut pas prendre la peine de découper des cartes, on peut faire des ombres avec les mains. Notre figure 220 montre le moyen d'obtenir de la sorte la silhouette d'un nègre, d'un garde-champêtre, d'un lapin, etc. Elle s'explique assez clairement d'elle-même, sans qu'il soit nécessaire de la compléter par des descriptions détaillées, qui deviendraient assurément trop futiles.

C'est par cet amusement des ombres, chers lecteurs, que nous terminerons ce livre : nous nous sommes attaché à y faire connaître de nombreux moyens de se distraire, d'occuper ses loisirs et de passer son temps, en s'instruisant tout à la fois, c'est-à-dire en exerçant l'adresse, l'application, le raisonnement, et en mettant à profit, pour les développer, les facultés intellectuelles.

TABLE DES MATIÈRES

Chap. I. — La science en plein air..................................   1

Chap. II. — La physique sans appareils........................   30

Chap. III. — La vision et les illusions d'optique.................. 105

Chap. IV. — L'analyse des hasards et les jeux mathématiques....... 150

Chap. V — La chimie sans laboratoire......................... 171

Chap. VI. — La toupie magique et le gyroscope; les jeux scienti-
          fiques... 210

Chap. VII. — La maison d'un amateur de sciences................. 234

Chap. VIII. — La science et l'économie domestique.................. 278

Chap. IX. — Les appareils de locomotion....................... 292

Chap. X. — Les vacances...................................... 315

521-82. — CORBEIL, TYP. ET STÉR. CRÉTÉ.